SKYLINE
天际线

望远 知新

林中足迹

森林与河岸的秘密生活

Footprints in the Woods:

The Secret Life of Forest and Riverbank

[英国] 约翰·利斯特-凯 著
邱墨楠 译

译林出版社

献给哈里斯和吉尔比

我一见彩虹高悬天上，
心儿便跳荡不止；
从前小时候就是这样；
如今长大了还是这样；
以后我老了也要这样，
否则，不如死！[1]

——《我心跳荡》（“My Heart Leaps Up”）
威廉·华兹华斯（1770—1850）

---

1 译文引用自《华兹华斯诗选》，杨德豫译，外语教学与研究出版社，2012 年 3 月。——译者注（除非另有说明，本书脚注均为译者注，下文不再一一说明）

目 录

序

世人有一个共同的天性。[1]

——《特洛伊罗斯与克瑞西达》（*Troilus and Cressida*）

威廉·莎士比亚（1564—1616）

1 引用自《莎士比亚戏剧》，朱生豪译，上海古籍出版社，2002 年 6 月。

鹿、野猫、老鹰、游隼、鹗、红松鼠、各种各样的蝴蝶和奇妙的植物——在这些我们有幸与之共同生活的所有引人注目的野生生物之中，最吸引我的莫过于种类繁多的鼬科动物。伶鼬和白鼬，狗獾和水獭——以及后来的松貂——让我产生了成为一名全职博物学家并投身于自然保护工作的念头。水獭可以说是我们本土最具魅力的鼬科动物之一，正是它们间接地促使我最终迁居苏格兰高地，并在艾加斯建立了苏格兰第一家野外研究中心。

对在20世纪50年代英格兰田园牧歌式的乡村长大的我来说，狗獾是第一种让我浮想联翩的真正的野生动物。它们的沙质土丘和深邃幽暗的洞穴给人一种传说中“荒野森林”般的感觉。它们数百代的祖先从中世纪一直延续到“骑士们勇敢无畏的古代”[1],向我诉说着古老的历史。它们是“快乐英格兰”[2]的后裔,未曾改变，也从未屈服于人类现代性带来的令人窒息的冲击。这是我喜爱它们的原因。当时我觉得它们似乎拥有某种不可言说的气质，就像一种被摒弃已久的生活方式，在时间的长河中漂泊；它们还有一种令人难以抗拒的野性，这种野性深深吸引着我，让我想要与野生动物打一辈子交道。

最初，它们让我彻底沉迷其中。就像有些人会对鸟类着迷一样，我也被鼬科动物迷住了，尽管当时我不懂它们的生态意义，不知道它们精彩的博物史，更不了解它们的遗传特征或分类学特点。然而在不知不觉中，它们使我野化，引领我走进它们的生活方式，让我的感官变得仿佛与它们的融为一体。这种关系之亲密，已经远远超越了单纯的科学兴趣或爱好。

1 原文为“days of old when knights were bold”，出自 20 世纪初的英语歌曲《勇敢的战士》(“A Warrior Bold”)。

2 “快乐英格兰”(Merrie England)：一种理想化的、田园牧歌式的生活方式，特指英格兰人在中世纪到工业革命爆发之间某个时期的生活状态。

第一章
空间与时间

那些凝视自然之美的人会一生保有这种力量。冬去春来，朝朝暮暮，在这往复循环的自然中有无限愈复的力量。[1]

——《万物皆奇迹》（*The Sense of Wonder*）

蕾切尔·卡森（1907—1964）

1 译文引用自《万物皆奇迹》，重阳译，北京大学出版社，2015年12月。

哦！这是梦之风景，是饱含不羁野性的梦！很久以前，这个地方就深深吸引着我，令我难以忘怀。在艾加斯，我们被这里的群山、荒原和森林环绕。山是永恒的、不变的，它们可靠而丰饶，给我们的生活带来保障和信念。它们可以摄人心魄，将你的灵魂保护妥当，而荒原与森林随季节流转，它们有自己的故事。它们赐予我们艺术的神韵和无尽的、变幻的美。哪怕经过这么多年，每一天我都能感受到熟悉而令人兴奋的新鲜感。在每一个醒来的清晨，我都满怀期待：这样一个全新的黎明会给我展现哪些璀璨而夺目的珍宝呢？

无论在暴风雨、冰雪、暴雪、大雨还是月亮高悬的夜里，我们床边的窗户整晚都大开着。30 多年前我们刚结婚时，我的妻子露西曾对这个习惯感到些许不安。现在，她索性接受了我的一部分从来就没有完全走进室内，就像荒原边缘金雀花丛中的狍子一样，我需要时刻关注风所透露的任何有关自然的讯息。

每天早晨，我的第一件事就是站在这扇窗前，凝视窗外，感受微风拂面，思绪如欧亚槭的种子一般蹁跹翻飞，期待能有惊喜的发现。当然在大多数情况下，一切如常。然而哪怕只是被动地聆听和注视，都意味着默认我们生活在两个完全不同的世界——两个我们永远无法调和的世界。我们的这个世界充满奇迹，同时与外部的生命世界保持着一定距离。在新的一天醒来，摆脱睡眠的束缚，这本身就是一种焕新的行为，是希望，也是承诺。

有时会有鸟儿惊叫，比如乌鸫尖锐的“啾啾”声，又或是一阵空旷的寂静，暗示着一只雀鹰刚刚飞过花园上空，其所经之处，皆是惊惧。我感到自己的意识变得敏锐起来，它开启了这一刻。如果我幸运地看到了那只雀鹰，我会立即清醒过来，激活我所有的感官。分享这一刻是令人激动的，因为它本身就充满电流一般的活力。我渴望置身户外，在那里生活。

☆ ☆ ☆

顺其自然，保持原有的活力。[1]

——《自我之歌》（“Song of Myself”）
沃尔特·惠特曼（1819—1892）

野生动物需要栖息地。为了野生动物的生存，这两者密不可分。栖息地是一个包罗万象的综合概念。所有野生动物都需要一个自然的家园，一个可以觅食与繁衍生息的所在。

栖息地可以是潮湿或干燥的、炎热或寒冷的、明亮或幽暗的，可以在海底深处或高山之巅，也可以在它们之间的任何位置。蜉蝣要在洁净的淡水中产卵，因为它们的幼虫只有在淡水中才能生长。蝴蝶和飞蛾的毛毛虫需要符合它们食性的植物。红松鼠需要以森林和树林作为庇护所，在那里它们可以用叶片与树枝建造巢穴，而树木则为它们提供可以食用的种子与坚果。植物需要特定的土壤和光照条件，还要获得水和养分。水獭需要鱼类丰富的河流、湖泊和滩涂。栖息地就是一切。

自然家园或许是栖息地的最佳定义。如果人类破坏了栖息地，野生动物要么迁移到别处去适应新的环境，要么灭绝。如果蝴蝶赖

1 译文引用自《自我之歌》，李印白译，国际文化出版公司，2020 年 11 月。

以为生的植物被移走，那么蝴蝶也会随之消失。而破坏野生动物的栖息地却是我们的拿手好戏，我们精通于此——自从走出原始森林，与野生动物分道扬镳以来，人类一直都是这么做的。可悲的是，为人类创造栖息地通常意味着要为此破坏其他一切生物的栖息地。科学家指出，野生动物减少的主要原因在于栖息地的丧失，而这正是我们无尽扩大的需求和活动所造成的。毁灭野生动物的魔咒已被反复念响太多太多，以至于人们反而对此无动于衷：农业工业化、林业商业化、城市化、污染、过度捕捞……这样的例子举不胜举，现在因人类而加速的气候变暖问题又使这一切变得更加复杂。野生动物永远都是次要的考虑因素——甚或常常不在考虑范围之内。

尽管如此，仍然有一些地方的地形和土壤特质并不适合人类栖息：山区、海岸悬崖、狂风肆虐的荒原、森林、沼泽、湿地、河岸和冲积平原等。在这些地方，野生动物可以为自己找个家，一个自然的家，一个可以觅食、生育和繁衍下去的地方。虽然人类尽了最大的努力来开垦它，但苏格兰高地崎岖的山地始终为野生动物提供着栖息之所。这让 50 年前的我有了选择在此处生活并创建野外研究中心的充分理由。在这 50 年里，我一直生活在野生动物左右，并在许多情况下与它们共享栖息地。这是一种生存特权，也是一种乐趣，同时也是我毕生的事业。

☆ ☆ ☆

这座建筑挺拔坚固，带着些许骄傲的气质，但它似乎又是被随意搁置在这儿的，就像你在匆忙中丢在桌子边缘的一摞书一样。之所以说它骄傲，是因为尽管在这里矗立了几个世纪之久，它的外观依然十分精致，而且还带着一副明知自己早就属于此地，并且承载了厚重历史的神情。而那种随意搁置的感觉则来自从它周围一倾而下的那些不规则的、高低起伏的阶地，它们或陡峭，或平缓，一直延伸到山下三百英尺[1]处的那条蜿蜒的河流。

我们待在冰川峡谷间坍塌了一部分的山壁上——“峡谷”[2]这个词承载着一个早已消逝的原住民群体动荡而感人的过往。沿着我们脚下的这座峡谷回溯 22 公里，可以直抵阿弗里克山脉的 19 座芒罗峰[3]，冰川就是从那里形成的。这是一条由冰雕琢而成的槽谷，它在陡峭的岩壁之间蜿蜒而过，岩壁上薄薄地覆盖着富含矿物的褐色土壤，金雀花和荆豆花盛放其上，色如蛋黄，在春天的阳光下散发着椰子气息的芳香，令人沉醉。峡谷也是人们生活的地方。

就在这里，在我们窗外正对着的山谷，巨大的力量塑造了我们的世界。2.5 万年前，向前移动的冰川撞上坚硬的灰色变质片岩与易

1 1 英尺约为 0.304 8 米。——编注

2 峡谷（glen）：指狭窄的山谷，源自苏格兰语，来自盖尔语的 gleann 一词。

3 芒罗峰：指高度超过 3 000 英尺（约合 914 米）的山。

碎的砾岩之间的断层线，后者由早已消失的海岸线上被潮水冲刷过的鹅卵石组成，现在又已经在热力的作用下熔结成砂岩。数千年来，这块厚达 3 000 英尺、宽半英里[1]、长 20 英里的巨大冰体在呻吟般的嘎吱嘎吱声中向右偏转了 180 度，沿着断层——这条阻力最小的路线——碾压并粉碎了砾岩一侧的岩壁，它一路开凿，直至今天的马里湾和北海交界。

大约 1.2 万年前，冰川开始后退，U 形谷[2]在它的消融下显露出来，夏季的冰川融水汹涌而慷慨，给我们留下一笔丰厚的遗产。那些澎湃的溪流沿着断层线冲刷着破碎的谷壁，就在这里，也就是这座房子所在的地方，被溪水冲刷而来的废土沉淀于由光滑的砾石和冰川泥砾组成的冰碛阶地上。而现在，这片阶地已经披上了由珍奇树木和田野组成的华美外衣。

冰川融化之后，河流主宰了峡谷。现在它占据着我们的视野。很久以前，有人给它起了一个名字——比尤利河，它由上游三英里处的格拉斯河与法勒尔河交汇而成。它幽暗的河水漫过峡谷，不紧不慢地蜿蜒穿过泛滥平原上湿润的田野与沼泽，带着一股久掌权势的专制气息。牛轭湖展现了它多变的脾性，仿佛一个又一个被人遗忘的传奇。20 世纪 50 年代，因为水力发电之需，比尤利河上筑起

1　1 英里约为 1 609.34 米。——编注

2　U 形谷：因冰川侵蚀而形成的冰川谷。两侧一般有平坦的谷肩，横剖面近似 U 形。

大坝，导致水流速度减缓；现在，河两岸尽是盘根错节的欧洲桤木，它们仿若风烛残年的老人，枝干扭曲，低垂在黑暗的水面上。

当滂沱的春雨遇上山里的融雪，它们会一同将河流的众多分支和险急的支流冲成一股咆哮的洪流，淹没峡谷里的田地。我曾目睹冰川壁之间的整座峡谷全部被洪水淹没，农人的牛羊被困在由隆起的冰碛形成的狭长小岛上的桤木丛中，乳白色的激流在它们的身旁汹涌而下。有一次，我亲眼看到一只雌性水獭将自己的幼崽带往路边激流上方的涵洞，其中一只小水獭被它叼在口中，另外两只则跌跌撞撞地紧跟其后。

洪水退去之后，除非立即得到修整，否则牧场将很快长满茂密的灯芯草。它们经水传播而来的种子用一大片苔藓绿勾勒出洪水的边界，幽暗又显眼。它们是懒惰与勤劳的晴雨表。等上几个月之后行驶在峡谷公路上，我们一眼就能看出大自然的原始评价——谁培育了自己的河田，谁又没有。

公路沿着峡谷边缘延伸，沿线是孤零零的村屋农舍。这条路通往斯特里，几个世纪以来，它一直是奇泽姆[1]氏族的中心，再往前走几英里就到了位于狭窄的十字路口的小村坎尼赫。高地人世世代代都具备敏锐的洞察力，他们将公路和农场建在高于洪水线的地方。

1 奇泽姆（Chisholm）：生活在苏格兰的一个家族，其祖先是1066年来到英国的骑士奇泽姆。

这里有在湿润的河边草地上耕作的农场，它们大部分用于放牧牛羊，偶尔种植干草或青贮饲料作物，有时也种植蔓菁作为羊的冬季饲料——但这么做总是不太经济。是的，这片土地并不愿意满足人类的需求。

在陡峭的山谷岩壁上，还有另外一个世界在等着我们。这样的景象在公路上几乎看不到——在一片起伏不平的淹水的泥炭地上，绵延的沼地朦胧地从远处令人神往的地平线上升起，那里有更高的山丘和山脉，宛如童年想象中遥远的虚幻之境。阴天的时候，我们会感到自己被紧紧环绕。群山高耸，云雾缭绕，令人分不清哪里是陆地的尽头，哪里又是天空的起点。

倘若天气晴朗，我会爬上位于荒原上方的小山坡上的三角测量点，这样我就能看到西南方向 17 英里处的那座近 4 000 英尺高的庞然大物——斯古尔纳拉派奇（Sgùrr na Lapaich），也就是盖尔语中的“沼泽石峰”。它深深的积雪在冬日低垂的斜阳下泛出玫瑰粉色。在朝北背阴的冰斗[1]处，降雪可以一直持续到温暖的六月，有时想要乘凉的雌性欧洲马鹿也会到访此处，给皑皑白雪点缀上小小红点。盛夏时节，群山披上地衣的灰绿色外衣，它的色彩随着光线的变化在柔和至极的鸽子灰、朦胧的梅花粉，以及沉闷的炭黑色之间变换流转，令山体显露多种情绪和面貌，而且日日不同。

1　冰斗：由冰蚀作用造成的三面环山、后壁陡峻的半圆形洼地。

高地的光线有它独特的个性。纬度决定了我们绕太阳运行的轨迹，在这遥远的北国，太阳从未在我们的头顶上方出现过。它赐予我们特有的气候。低角度的光照和少有浮尘的空气使得这里的光线强烈而明晰，这是英国南部地区所不具备的。黎明的曙光如突袭的部落一样聚集于山峰之后，最后一举喷薄而出，用神韵和光彩填满整座峡谷。即使在阴天，太阳也会与我们开开玩笑，突然迸射出耀眼的光芒，照亮一大片山丘，或给湖面抹上一道道绚丽的银色条纹。有时，阳光穿过河岸边的田野，引得人们的视线紧紧跟随，就像繁殖期的麦鸡假装翅膀折断了一样[1]。

在一年中的大部分时间里，粗糙的荒草把荒原染成黄绿色——在不同的光线下，有时是黄色，有时是莴苣绿色——而在更加干燥的小丘和山脊上，帚石南呈现的却是阴沉沉的焦黄色。当雨云遮蔽太阳，它们不祥的阴影就像敌人的战舰一样在荒原上横冲直撞。多少个世纪以来，这些饱经风吹日晒的高地一直是高地人夏季放牛牧羊的必经之地，但季节性移牧的日子早已一去不复返，同样一去不返的还有大多数人，他们在 19 世纪放弃了这片峡谷，为过上更好的生活而走进了新世界。放牧带来的压力减轻之后，荒原又恢复了它的野性。

娇弱的喜酸花朵比比皆是：天蓝色的普通远志和洋委陵菜的小

1 麦鸡这一类水鸟在繁殖期间具有强烈的护巢意识，当卵或幼鸟遭遇威胁时，亲鸟会展现“拟伤”行为，也就是拖着一只翅膀，假装自己的翅膀被折断，以此将掠食者引开鸟巢。

黄花为春天的荒原增添了光彩，同样生长在这里的还有黏液丰富、可以吸食昆虫的茅膏菜和捕虫堇。一簇簇蓬松的东方羊胡子草在渗泉湿地里像星星一般闪闪发光；马先蒿的叶片深裂，花朵是淡淡的粉色。北边的湿地中混生着成片的金色沼金花，粗蛮的荒原草丛里点缀着斑点掌裂兰。而在松林的一些隐秘之处，北极花以它娇艳欲滴的粉白色钟形花朵成为当之无愧的主角。

八月，盛开的紫色帚石南在我们周身萦绕出一种宗教仪式般庄严的氛围[1]。但这片土地上也有竞争，一场从来都没有胜算的斗争。由于在高地上牧羊并不经济，人们减少了放牧，在排水较好的土地上，欧洲蕨因此得以如恶邻一般开始了厚颜无耻的入侵。它们在地上和地下双管齐下，让这一带的植物几乎断绝了生存的希望。它们险恶的根茎如同缠绕在一起的黑色鞋带，在泥炭土中编织出一张密不透风的网，将来犯者扼杀在摇篮之中。只有偶然来到这里的欧洲赤松、欧洲花楸或欧洲刺柏想方设法抢占到一席之地，为自己撬开一个立足点，现在也散布于我们的视野中。这些树木给原本荒凉的原野增添了层次，让荒原有了透视的深度。

而荒原边缘的树林一点儿也不荒凉：欧桦、无梗花栎、欧洲花楸、欧洲赤松、黄花柳和耳柳、欧洲枸骨、欧榛和欧洲甜樱桃（野

1　在英国国教圣公会的宗教仪式中，有一套不同色彩对应不同类型仪式的色彩体系，即礼仪色彩，紫色便是其中的主要色彩之一。

樱桃）都在这里茂盛地生长着，而垂枝桦的北方表亲毛桦则在酸性土壤中生长得枝繁叶茂，这些难得的土壤来自冰川冲击时沉积下来的厚重冰砾土。我们的桦树林仿佛一种恩赐：它们给蕨类植物以荫蔽，为山坡披上一层轻柔的沃土，将广受欢迎的能量注入落叶层，造就最为肥沃的土壤，让腐殖质和菌根真菌的秘密网络得以发展壮大。在它们斑驳的树影下，成片的银莲花、酢浆草和风铃草优美地荡漾着。每年春天，我们的树林里都会响起阵阵鸟鸣。

在此地四季盛行的西南风的吹拂下，随风而来的桦树种子总是能迅速占领任何凹凸不平或裸露的土地。它们转瞬发出新芽，在竞争残酷的灌木丛中冲着阳光向上蹿去。胜出者长得又高又直，在进入成熟期之前，它们的树皮白得闪闪发光。但到了衰老期，下部的树干就会崩裂，形成粗糙的深色裂缝，深受蜘蛛、煤山雀和旋木雀的欢迎。

毛桦的叶芽和树枝呈赭褐色。从冬天的山谷望过去，这些光秃秃的树枝在低垂的斜阳下闪烁着明亮的巧克力紫色。桦树的寿命不长，在衰老期，大多数桦树未到100岁就已无法抵挡多孔菌的腐蚀或强风的侵袭。之后它们腐烂的树干上将长满青灰色的苔藓，成为诸多虫卵和幼虫的庇护所，当然它们也很容易被繁殖期的大斑啄木鸟掏空。桦树是一种慷慨、坦诚且实在的硬木；它给予我们各种回馈，让我们觉得它在树林中无处不在。堆放晾干之后，桦木还可以制成容易劈开的优质柴火，生成漫长冬夜里陪伴在我们身边的炉火。

欧洲赤松零星散落在各处，它们曾经是高地森林的主要树种，因其富含树脂、生长缓慢且坚固如钢的心材而得到各种开发利用。虽然这些孑遗的杂树林有的只有几英亩大，但它们却与南部和西部阿弗里克峡谷、坎尼赫峡谷和斯特拉思法勒尔峡谷中更大、更古老的喀里多尼亚松树林[1]有着重要的联系。它们是凤头山雀和交嘴雀等特化物种[2]，以及红松鼠和大量我们看不到的无脊椎动物的中转补给站。

那些古老的松树林之于小型林地，就像是古老的修道院之于林林总总的教堂。伫立其间，仿若以枯萎之姿陷入永恒。它们摄人心魄，激起无畏的情绪，让疑惑消散。那一棵棵宛如老妇人的松树往往因年深日久而扭曲变形，它们似乎违逆了自己的基因，那屈曲扭转的姿态相比于松树，倒更像是古老的橄榄树。它们散发出的灵韵令人忍不住多看几眼。在它们的脚下，你会变得柔软起来。

我们房子上方的小湖岸边就有这样一片杂树林，面积有五六英亩[3]大，是经过战争涤荡后自发再生的。无论寒冬还是酷暑，它都令人心旷神怡。在这里，啄木鸟探头探脑地寻找虫子，雀鹰每年都会回来修补乌鸦的老巢，我已经记不清听了多少年它们哺育雏鸟的吱

1 喀里多尼亚松树林（Caledonian pinewoods）：苏格兰地区特有的森林，也是英国境内唯一的一种原生松树林。它包括林冠稀疏的苏格兰松，其下的柏树，以及生长着帚石南、越橘、山罗花、曲芒发草的茂密植被。

2 特化物种（specialist species）：为适应某一独特生活环境而形成的局部器官过于发达的特异适应的物种。

3 1 英亩约为 4 046.86 平方米。

吱声。每年五月，这里也是狍子产下双胞胎幼崽的地方。还有一次，也只有一次，在同样的地方，一只欧洲野猫[1]在晨曦中悄无声息地从我的身边走了过去。

那差不多是我一辈子以前的事了：50多年前——虽然时间看似并不长——一个偶然的机会让我来到高地生活。半个世纪以来，我看着四季如潮水一般在我身上翻滚而去，渐渐屈服于这里令人难以抗拒的野性。这里的风景征服了我，让我适应了它的方式。现在，我将它当作一片与英国其他地方不同的土地来看待——不，是感受，这是一个有着相互交错的栖息地的地方；在这里，对于人类试图驯服自然和令它屈从的那些无休止的且往往是盲目的行为，自然尚有办法轻蔑视之。

大自然充满韧劲，有着自己的安排。它不眠不休。和河畔草地上的灯芯草一样，金雀花和荆豆肆无忌惮地生长，很快就将任何一片尚未被干扰过的土地通通占领。每年春天，它们都会在山谷岩壁上绽放鲜亮的黄色花朵——与黄菖蒲和金莲花的黄色一样令人惊艳。它们的花朵密密匝匝，彻底遮盖了绿色的枝叶；在盛夏时分，它们的种荚噼里啪啦地爆开，向四面八方弹射黑色的小豆。一个转身的

1 欧洲野猫（*Felis silvestris*）：英国最稀有的濒危哺乳动物之一，也是猫科动物在英国境内唯一的野生物种。在英国，欧洲野猫只生活在苏格兰高地的小部分地区，它们捕食荒原和林地上的野兔以及在地面筑巢的鸟类。下文如无特殊说明，原书中的 wildcat 均指欧洲野猫。

工夫，它们已经生根发芽，如凤凰涅槃一般地从冬天枯萎的草丛中升起，一株株地冒着尖儿，宛如一片绿雾。独自生长几年后，它们将合力形成一片八英尺高的灌木丛，其茂密之甚，以至于抑制了其他一切植物的生长——这是一片狂放不羁的路障，也是人类屈服于大自然的一个精彩例证。

这是一片光影交错、流水淙淙的土地。夏天是轻柔的水声潺潺，冬天的激流不可抑制地咆哮。我们的生活受到季节的限制，然而如果没有季节的束缚，我们将无法生存。春天在门前徘徊，久久不愿进门。而它下定决心的日子仿佛节日，鸟儿欢声鸣唱，带来一股欣喜和再度被唤醒的幸福记忆。在经历了漫长的黑暗之后，春天像罗马焰火筒一样放射出阵阵光彩，然而还未等你真正领略它的魅力，它就已经渐渐暗淡下去。逐渐延长的日照催生出葱茏的绿意，让我们一头扎入夏日的纷繁喧闹，直奔夏至而去。这段时间里的黄昏好似一个昏昏欲睡的醉汉，伸着懒腰，打着哈欠。黑夜一天天地缩短，最终只剩下一声短暂的叹息，而不过一个小时的淡淡夜色对偷猎者来说已经再完美不过。黎明再度悄然而至，其行踪如风平浪静的水面，令人不知亦不觉。

夏季自始至终都套着绿色的制服。到了七月中旬，单调的翠绿色像一通可怕的布告，布满整片大地。八月里，日子一天天周而复始，令人疲惫、沉沉欲睡。躁动不安的积雨云笼罩着漫漫长夜，雷声在我们的头顶隆隆作响，令人感到难以言喻的不安，直到叉形闪电劈开那仿若停滞的黑夜。温暖的雨水骤然而至，又倏然离去，留下清新的空气给我们大口呼吸。野花逐渐衰败，但夏天还是试图抓住九月。在这个月结束之前，山丘上回荡着发情的雄性欧洲马鹿挑衅的吼叫声，与之相伴而来的是第一场月光下的霜冻，给欧洲蕨的叶片渐次染上点点锈斑。

黎明时分的薄雾淹没整片山谷，好似一面银色的湖，在第一缕朝阳的照射下熠熠生辉。山坡上的坚挺乱子草褪去绿色，齐刷刷地变成姜饼黄色。蜻蜓在湖边疾飞，它们急急忙忙地将卵产在睡莲即将沉没的枯萎莲叶间。桦树叶在微凉的阳光下闪烁着金色的光芒，花楸树那一簇簇鲜艳的猩红色果实就像是给树林涂上了焕发魅力的红色唇膏。这样的景象将持续几周时间。在落叶前的一两个星期里，树叶里的叶绿素悄然褪去，露出潜藏其下的属于秋天的金色与橙色，灿烂得令人惊叹。第一批越冬的大雁穿越层层云霄，它们狂野的鸣唱从动荡的天际中摇落，此时我们便知冬天即将到来。

温润的秋天静静离场，最后一片枯叶飘落大地，黑暗降临。这里的冬季长达六个月，有些年甚至长达七个月。它令我们束手束脚。白天相当短暂，只要稍作犹豫，你就会错过出门工作的良机。如果太阳姗姗来迟，它也会尴尬地垂下头，像个不该出现在此地的人一样沿着山头溜达一小会儿，然后快速消失在我们的视线里，留给我们北方凄冷惨白的天空。夜幕骤然降临，仿佛一个贪婪的盗贼偷走了白天。

在晴朗的夜晚，星星缓慢垂下，月亮在纯净如杜松子酒一般的夜空里升起、滑行，掠过湖面，黑暗的水面上泛起水银一般的光泽。而北极光会在你最意想不到的时刻闪耀，荡起在青柠绿和酒红色之间渐变的弧光，令人肃然起敬。此刻的天地间，万籁俱寂。

这就是冬天。生命的脉搏开始放缓。划破宁静的只有知更鸟的叫声，但这并非春日的欢歌，而是一种紧张且重复的叮当声，就像一种征兆，预示着更加黑暗的日子即将来临。漫天飞雪随凛冽寒风呼啸而来，笼罩着高山，狐狸在田野里留下一串串清晰可见的脚印。湖面冻结，有些年冰层甚至厚到可以让人溜冰，冰面发出轰隆隆和噼里啪啦的响声，听起来就像远处的炮火。

红松鼠躲在松林高处的树洞里，用蓬松的尾巴把自己裹得更紧了。狗獾蜷缩在位于地下巢穴深处的草床上，打着鼾。白霜使玫瑰果的光彩暗淡，树叶在我们脚下发出清脆的响声。屋顶的石板下，蝙蝠正在安静地睡觉，做着浅浅的梦，在梦里将倦怠一扫而空，快速飞出屋外去捕捉迅捷的飞蛾。鸡舍中，小公鸡在黑暗中打着鸣，仿佛在为曾经早早到来的黎明鸣唱挽歌。

这就是我们身边这片土地的林林总总，它环绕着我们，塑造了我们的生活。延绵的河流、幽深的峡谷和林木繁茂的山坡，还有广袤空旷的荒原，这些都将我们纳入自己的怀抱。它们打消我们虚构的假象，使之在烈日灼烧下灰飞烟灭。它们令我们放低姿态，变得谦卑。这是一片让我们用自己双手的劳动去思考的土地；它决定我们的衣着，激发我们的语言、情绪、希望和梦想。它主宰一切，但又远不止于此。通过第四个维度——时间，它又为野生动物提供了数不胜数的栖息地。它让我们有了邻居。

人类无法向云朵发号施令，云层在山巅的雪峰聚集，滋养着峡谷中奔腾不息的河流及其支流，但我们却喜欢假装自己才是主宰。就像月球的轨道和漫无边际的星穹，它们才是真正具有野性的存在，其性之野，远非我们所能掌控。在英国，河流、荒原和群山是最接近“野性自然”（Wild Nature）这一概念的地方，这种珍贵的野性带来了生命——野生动物，这些具有自我意志的生命与我们共享着这片土地和我们的生活。在这个充满焦虑、岌岌可危的世界里，我们亟需户外生活。而不论对人类还是野兽来说，这里都不失为一个适合居住的所在。

这里当然生活着鹿，大家都能想到的是山坡上成群的野生欧洲马鹿，它们是高地所特有的物种。还有娇小的狍子，它们用自己拔扯和啃咬的门牙微妙地塑造着树林的特征。水獭悄然巡逻于河上，到了夜晚，就去袭击湖里的褐鳟。红松鼠在布满鳞片的松树树干之间相互追逐打闹，将松果撒落在铺满了针叶的地面上。林间空地上点缀着的一个个沙黄色土丘是狗獾的旧窝，而我们难得能听到一次野猫在陡峭的峡谷岩壁间的巢穴活动的声音——这种情况少之又少。还有鸟儿——感谢上帝赐予我们鸟类。即使在隆冬时节，它们也会为我们的黎明献上轻快的小曲，给我们的每一天注入生机与活力。

金雕在山间逡巡；鹗一头扎进湖水与河流；游隼的尖叫在河谷间回荡；乌鸦嘎嘎叫着；从松林树冠上飞过的交嘴雀发出叽叽喳喳的叫声；桦树间的丘鹬扑闪着翅膀，兜兜转转；求偶的黑琴鸡在荒原边缘发出颤抖的、打喷嚏般的逗弄声；黄昏时分，猫头鹰从河边草地上方悄然滑翔而过；雀鹰猛冲，灰背隼疾飞；鹭鸟发出粗哑的叫声；为越冬而来的大天鹅响亮地鸣唱；还有组成宽广 V 字形阵列飞翔的粉脚雁，它们在春、秋两季的天空中盘旋，带来季节性的吵闹声……这些都是我们的邻居，是看得见的野生动物——哺乳动物和鸟类带给我们欢乐，滋养了我们的高地生活。然而，还有一些野生动物并不那么容易见到。它们在森林里留下种种细小的线索：转眼就消失不见的栗子壳，清晨草坪上的树根，倏然闪现于手电筒光束中的眼睛，消失在建筑物背后的如烟一般的尾巴，还有那划破月夜的愤怒尖叫。我们从来都不孤单。

第二章

鼬科家族

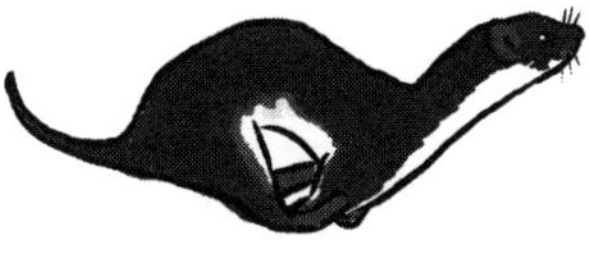

鼬科（Mustelidae）包括伶鼬（weasels）、白鼬（stoats）、美洲水鼬（minks）、貂（martens）、林鼬（polecats）、水獭（otters）、狗獾（badgers）、貂熊（wolverines）等，在全球共有 65 个物种，是食肉目中最大的科。它们多数是肉食性动物，但也有一些鼬科动物——如狗獾和貂——的食性很杂，既吃水果、坚果和其他植物性食物，也猎食动物。

在艾加斯，我们这儿有上述鼬科动物中的四种，有时甚至有五种：伶鼬、松貂、水獭和狗獾在整个高地都有大量种群，而白鼬（*Mustela erminea*）在本地则难得一见（它们曾经很常见，但随着其主要猎物兔子因外来疾病而消失，它们也不见了）。林鼬（*Mustela putorius*）在 18 世纪和 19 世纪因其毛皮与貂皮相似而遭到猎杀，但它们却在威尔士顽强地生存了下来，现在正逐渐向苏格兰边境地区回归。

美洲水鼬（*Neovison vison*）并非英国的原生物种。它们原产于北美，是从毛皮养殖场逃逸的外来物种。现在，毛皮养殖在英国是非法的。尽管美洲水鼬分布广泛，但它们却被视为一种害兽，因为它们威胁着我们本地的水䶄，同时也掠夺鱼类资源，破坏了更广泛的生物多样性。它们是半水生动物，而且捕食能力极强，既能在海洋中生存，也能在河流和小溪之中生活。不过伶鼬才是它们这个物种大家族的名字由来。

干瘦如死神
深褐色的伶鼬像一阵烟
划过黑夜的寂静
渺小的世界一片死寂
它在鸡舍下方潜行
猎物埋首沉睡羽毛间
它越过一块又一块石头
小巧的鼻子试探着每块木板
寻找哪怕小得如眼睛一般的开口和松脱的绳结
就像是在寻找时间的裂缝

——《伶鼬》（“Weasel”）
帕特里克·莱恩（1939—2019）

伶鼬（*Mustela nivalis*）又叫雪鼬。其学名中的拉丁文 *mustela* 指的是鼬属，种加词 *nivalis* 的含义是“如雪一般”。伶鼬在古英语中被称作 wesle、wesule；在荷兰语中叫作 wezel；在德语里则是 wiesel。伶鼬之所以用“雪”命名，是因为分布于北半球某些地方的它们体色会变为纯白，这是它们最为积极的伪装。在英国，伶鼬不会变为白色，但它们在夏季时背部栗色、腹部灰白色的皮毛将会在冬季蜕变为更加厚实的皮毛，这时它们的腹部变得更白更亮，而上半身则呈现为光亮的果木棕色。

伶鼬体型娇小，和老鼠差不多。它们体长约 20～23 厘米，腿短，短小的尾巴也只有 6～7 厘米，有獠牙——但不要与白鼬弄混了，虽然白鼬的外形与之十分相似，但是它们的体型是伶鼬的两倍多，而且尾巴更长，末端黑色。雌性伶鼬体型小于雄性，但外形相同。它们背部的毛色是明亮的栗色，从下颌到尾巴之间的腹部几乎是清一色的纯白，但背部和腹部体色的分界线因个体差异而大不相同。每年它们在春季和秋季各换一次毛，白化的情况并不少见。

在春、夏两季，它们会产下一窝多达六子的幼崽，雌性伶鼬将抚养幼崽，向它们传授狩猎技能。和其他鼬科动物一样，伶鼬的尾巴下面有一个用于识别个体和标记领地的气味腺，散发着浓烈且清晰可辨的麝香气味。伶鼬的足迹遍布欧洲，甚至在遥远的西伯利亚、中国和阿富汗也有分布。它们广泛分布于英格兰、苏格兰和威尔士地区，但在爱尔兰、锡利群岛、赫布里底群岛、奥克尼和设得兰群岛则没有分布。

它们典型的栖息地是林地、灌木树篱、灌木丛林地、溪流与河流沿岸、郊区花园、开阔的帚石南地和荒野，实际上任何有猎物和掩蔽物的地方都可以成为它们的栖息地。它们液体似的身体能够挤进老鼠洞，这简直就是老鼠最可怕的噩梦。伶鼬的头骨可以穿过一枚大号印章戒指，其流线般的身体也能跟着穿过。但没有老鼠喜欢伶鼬。从捕猎者与猎物的体重比例角度看，伶鼬可以算得上地球上最凶猛的食肉动物之一。它们是杀手，是地下世界的猎豹，它们捕杀小鼠、家鼠和田鼠，杀起比自己大得多的猎物来也无所畏惧：它们可以凶猛地击倒体重是其20倍的家兔和野兔——很少有其他食肉动物能做到这一点——甚至还可以捕杀雉鸡大小的鸟类。它们的捕猎对象十分广泛：蜥蜴、蟾蜍、青蛙、蛇蜥、地栖鸟类的卵、鼩鼱、鼹鼠、松鼠、螯虾和昆虫，但大约90%都是小鼠和田鼠，这也导致伶鼬的数量随着其主要猎物种类的增减而增减。年景不好的时候，它们也会选择食腐。

它们的寿命不长，潜在的天敌很多，也很凶残。尽管在人工饲养的条件下它们可以存活十年，但在危机四伏的野外，大多数伶鼬只能活三到五年。它们出生的第一年就能繁殖，妊娠期为四周，雌性伶鼬会用草、羽毛和老鼠毛皮来筑巢育崽，它们的巢穴通常建筑在树根、石墙、空心圆木或柴堆之中，几乎任何干燥和安全的地方都可以成为它们筑巢的位置。

☆ ☆ ☆

你没法跟上一只伶鼬。它太敏锐，太机警，它的眼睛太明亮。它兴奋至极，一触即发。同时它也深受迫害。人类的阴影早已深深地印刻在它疯狂运转的小脑袋里。伶鼬可以在瞬间消失得无影无踪。你只能等着它来找你——但这永远都不会发生。我曾经养过伶鼬，那是一只被遗弃的幼兽，我将它抚养成一只充满活力的成年雄兽。在它年满一岁时，我不情愿地将它放归野外。我学会了如何去爱伶鼬，伶鼬教给我属于它们的方式，令我难以忘怀。将它放归野外是我做过的最艰难的事情之一，甚至时间的流逝也没有让那些记忆淡去或褪色。

3 月 18 日：正午

积雪铺天盖地，任性的冻雨夹杂着雨水拍打脸颊，带来阵阵刺痛。天空中灰色的阴云汹涌翻滚，地下泥泞一片。这是一块无所适从的土地：温度既不够让它冻结，也没法令它解冻。气氛阴沉而凝重。桦树在风中滴着水，我不禁打了个寒战。一切都岿然不动，只有树梢被狡猾的东北风吹动着，那风如刀剑一般冷酷无情。就连通常在高地无处不在的恶徒——冠小嘴乌鸦，也没有出来挑战这样的天气。它们总是活得紧张焦躁，过着精于算计的马基雅维利边缘政策式[1]的生活。时常有一对冠小嘴乌鸦在安全距离外警惕地跟着我——它们非常清楚猎枪的射程——并用一种刺耳的、单调的，又显得自以为是的声音相互叫唤对方，听上去就像在骂人。它们相当聪明，并且总是投机取巧，带着一种不怀好意的好奇心，不仅想知道我在做什么，而且还想看看我可能会破坏什么——这样它们就可以顺便捞点儿好处了。但不是今天。树林边缘的荒草湿漉漉地扫过我的靴子，走在其间仿佛穿越沼泽。我躲进树丛，让它们给我一些庇护。

在曾经的庄园牧场分界线——古老的干石墙处，我从滚落的墙帽石的缝隙中翻了过去，蜷着身子坐在它半干燥的背风处。它友好的石块似乎在抚摸我倾靠着的后背。冻雨继续从我头顶上方呼啸而过，将桦树顶端光秃秃的树枝吹得咯咯作响。而在地面，我的脚下一片宁静。

墙壁上遍布青苔，一簇簇硬挺的蕨类植物自基部的石块间生长出来，从我的右侧弯弯曲曲地向上爬去。我想起人们在那座古老的建筑物上投入的成千上万小时的艰苦劳动：拖拽、撬动；粗糙的双手，冬日里咆哮咒骂的口中吐出的团团白气；拖着雪橇的小马驹，脖子上渗出汗珠，后腿吃力地蹬地，呼喊声响彻整片树林。我很好奇，那座房子所历经的岁月，是一百年、两百年还是更久的时间？

1　边缘政策（brinkmanship）：声明己方不怕做出最坏打算，将局势推动到对彼此都不利的灾难边缘，通过这种威胁迫使对方退让而取得对己有利的结果。冠小嘴乌鸦的行为也与边缘政策的做法相类似。

长到足以让一团团深色的苔藓在顶石上缠绕和生长，也足以让一圈圈姜黄色的地衣在从未见过太阳的表面上永无止境地铺展下去。这样的史前生物没有日程表，它们不在乎时间。对它们来说，我们的生命不过是叶片飘落的瞬息。

有动静。我的视线锁定在十英尺外墙根石块间的一个黑暗之处。那是一只老鼠，还是田鼠？或者是我的幻想？这些都不是，而我在内心深处知道它是谁。我知道它是伶鼬，因为本能和长久以来的记忆肯定而明确地这样告诉我——我知道它还会回来。那榛子褐色、棱角分明的小脸蛋，珠子一样明亮的眼睛，从喉部到肚皮都白得发光的皮毛。我愣住了。

☆ ☆ ☆

很久以前，有一窝伶鼬将家安在一根倒下的榆木中。这棵树已经死了几十年，它的木头中空，上面爬满常春藤。事实证明，这是一个糟糕的选择。一只狗獾用灵敏的鼻子嗅到了它们的气味，用尖锐的犬齿和机械般有力的长长的前爪撕开了常春藤和朽木。伶鼬母亲逃走了，因为就算伶鼬母亲再勇敢无畏，它也敌不过一只饥饿的狗獾。这只狗獾扫荡了伶鼬的窝——整个窝都被撕碎了，罹难的幼兽有三只、四只，也许是五只？但它漏了一只，这只幼兽被丢在一堆苔藓和草的碎片之间，小小的眼睛几乎睁不开，还不到三周大，不会走也不会爬。

这戏剧性的一幕就这么显而易见地发生了，事发地点距离林间小道只有几码[1]远。目之所及，处处尽是狗獾的贪婪掠夺造成的破坏。胡乱咬过的朽木被甩得到处都是，踩烂的常春藤和灌木中夹杂着被耙过的苔藓，整根木头被刨得很深，扒得光秃秃的。这样的景象吸引着我。接着我听到了它的声音。那是你可以想象到的最虚弱的小动物的叫声，一种从我脚下某处传来的哼唧声。苔藓的碎片散开，我看到了它。它有两英寸[2]长，栗色的皮毛，细长的身子扭在一起，标准的伶鼬模样。它的视力很差，鼻子圆钝，看上去注定活不长久。当时我还是一个十几岁的学生，我被它深深吸引，立即下决心要拯救这条才开始不久的残缺生命。

☆ ☆ ☆

那是过去的事情了。而在半个世纪后的现在，我坐在这里看着这道古老的干石墙。对于伶鼬来说，它们无法抗拒这样的干石。高地干石墙的厚度很少多于两块巨砾，其中填满碎石，越往上越窄，最后以一块墙帽石的厚度收尾。宽大的连接石在中间起到连接和稳

1 1码约为0.914 4米。

2 1英寸约为0.025 4米。

定的作用，四周填充以小碎石和随手可得的各种砾石碎片。这些精巧的石墙凝聚着代代传承下来的古老智慧和技艺。它们相当稳固，哪怕历经数百年的风霜洗礼却始终巍然屹立。几十年过去，霜冻令组合在一起的石块发生松动，雨水和融雪冲走了松散的填充物。于是出现了空洞、意想不到的通道、走廊、窟窿和巷道，这对于老鼠——以及伶鼬来说，都再合适不过。

几年前，在修复一段倒塌的干石墙时，我们不得不先将其拆除。在它内部的深处，我发现了一个伶鼬窝。我的助手认为那是一个老鼠窝，但在我弯下腰去察看，并将苔藓和草堆拨开之后，一股浓烈的鼬臭味让我回到了童年的那些神圣的时光——我的粗花呢外套口袋里住着一只小小的伶鼬。这股味道令人难以忘怀，确信无疑，也无法抗拒；只有生动如此的气味才能唤起这样的回忆之力。我闭上双眼，深深呼吸。如果用织物来形容这种气味，那么它就是一块明艳的深紫色或洋红色天鹅绒布，好似从古老的大教堂穹顶上垂下的帷幔。要是将它制成长袍穿上身，定能彰显权力与财富。难怪香水行业会建立在动物麝香的基础上。

在这段干石墙里，我们还发现了许多老鼠和田鼠的尸体碎片：骨头和皮毛、小爪子、一些头骨，还有散落一地的牙齿，看起来就像是古墓中的图腾。由于这些石墙的内部隐蔽又干燥，因此体型小的老鼠——特别是姬鼠（*Apodemus*）——也爱在那儿筑巢。这就好像绵羊选择在母狼的巢穴里栖息一样，说明小鼠的智力并没有多高。

你也许会认为在经历了伶鼬数千年的捕食之后，小鼠会知道或学会，甚至能记住或辨认出那种难以磨灭的气味，那种刺鼻的、毫不含糊的，仿佛大喊“快逃”的死亡信号？但是它们并没有做到，小鼠还是一如既往地频繁出现在这样的石墙里，继而惨兮兮地死在它们最害怕、最忌惮的天敌——伶鼬——那可以咬碎头骨的嘴下。

于是我坐了下来，凝视着这里，等待着。来自遥远往昔的美好回忆在此刻变得清晰，所有的感官都被调动起来。大多数鼬科动物都生性好奇，总是保持着警惕。在躁动不安的机会主义基因的驱使下，它们总是渴望知道发生了什么，并因此而哆嗦颤抖。如果你一动不动，它们一定会对你好好试探一番。而且我知道这并不会让它们花太长时间。它们天生喜欢寻找意外的发现。知识和经验滑向本能：伶鼬对古老的石墙情有独钟，它们总是忍不住地东打西探，而且一定会相信那些内部的洞穴和走道是专门为它们而设的。它们满腹怀疑和警惕，很少在同一个地方出现两次。这只聪明的小伶鼬迟早会来打探我。我要等上三四分钟吗？也许更短？当你的耐心在期望之下被耗光时，时间就会被拖得很长。我用眼睛扫视着那十几码长的石墙，尽可能不做出任何动作，只让我的眼球轻缓而稳定地转动。

我原以为它会离我更近一些——也许距离减半。但我错了。突然间，我看见它就在那儿，就在那不到十英尺远的地方，而且露出的不止脸庞。它的一双眼睛闪闪发亮，圆圆的耳朵好像越橘的叶片一般镶着白边，粉棕色的鼻子小巧如花生，前爪之间的那块白色

“围嘴”牢牢地挂在胸前，闪着白光。它正直勾勾地盯着我。

在一株繁茂的柳树上，一只鹪鹩发出响亮而尖锐的警报，叽叽喳喳的颤音像机械玩具一般不停地重复着。它也发现了动静，并立即感到害怕。它紧张地在树枝间飞来飞去。但这只伶鼬并没有理会它。伶鼬知道鹪鹩的存在，鹪鹩也认识伶鼬。鹪鹩经常干扰伶鼬，因为它们害怕天敌会找到自己的鸟巢，也许它们自己的巢同样藏在墙洞中。但这只伶鼬对鹪鹩毫无兴趣。它正在确认一种更具威胁性的存在——人类，一种可怕的捕食者。人类是所有野生动物的阴影。人类用陷阱、圈套和猎枪捕猎，他们投放毒药，用可恶的化学药物涤荡大地，给整个世界铺上水泥和柏油路。人类是栖息地的破坏者。我们是杀手，所有生物都知道这一点。我们杀戮的名声比桦树更古老，比这些石墙更古老，比最苍老的松树更古老，甚至比当下的这片景观本身更古老。在冰川和蜿蜒的河流出现之前，在深色的苔藓和生长极度缓慢的姜黄色地衣出现之前，它就已经存在了。我们到哪里，死亡的气息就弥漫到哪里。对此我们无可辩驳。

但我是人类吗？这个蜷缩着的，一动不动的身影，是可怕的捕猎者吗？在那个庇荫的地方，没有风，也没有死亡的气息，没有陷阱或猎枪的迹象，也没有那种熟悉的蹲伏之姿。这真的很有迷惑性。就算相距只有十英尺，这只凶猛小兽的脑瓜里还是出现了一个难题，一个带来焦灼的伶鼬难题。接着它消失了，回到了石墙中，就像从来没有出现过一样。我一动不动地坐着，脑子里一片空白，不知所措。但我并没有察觉到恐惧。在那双黑亮的眼睛里，我没有看到丝毫恐惧，没有看到任何警觉，也没有看到任何识别出危险或解开谜团的迹象。我一动不动地坐着。这只伶鼬依旧在打探我。

过了 20 秒，它回来了，现在它离我稍稍远了一些，在我的视线范围内窥视着我。它肌肉发达的短脖子与平滑的背部相连，下边是它带着波浪边缘的白色围嘴，绷得紧紧的。它定住不动。这种感觉就好像一场游戏——谁先退缩谁就输了。时间一分一秒地过去。我们紧紧地盯着对方，时而茫然，时而不知所措，或陷入僵局，好像尴尬地进入心照不宣的休战。我打算和它做个交易——如果我保证不做人类，我们可以停止对峙吗？你可以战胜你的恐惧吗，小伶鼬？你愿意让我进入你的伶鼬世界吗？我可以做什么来摘下恐怖的面具？但是这不可能，我甚至连想都没法想。而它好像看穿了我的心思。对我这种愚蠢想法的蔑视好像波浪一样在它牢固的小脑壳里播散，眨眼间它就跑了，转身隐没在石墙之间。

之后我才恍然大悟。也许是我妨碍了它。也许我正好就待在它要去的地方？难道我身后的这座石墙里有伶鼬的窝？我坐下来避风的地方是不是距离它精心挑选的巢穴只有几英寸？也许它是一只刚刚产崽的雌性伶鼬，而它还未睁开双眼的无助幼崽正待在我身后的干石墙里，浑身裹着苔藓、鼠毛和鸟羽？难道这就是它大胆无畏的原因吗？我悄悄地快速移动到几码外的一棵桦树旁再次坐下，现在面对着这座石墙。

☆ ☆ ☆

我的伶鼬仰卧着，用一对前爪急切地握住吸管进食。在稀释后的牛奶和葡萄糖的滋养下，它变得强壮起来。我每隔几个小时就喂它一次，无论昼夜。我将它关在一个小盒子里，这个盒子比一本厚重的大书大不了多少，里面还有一个用棉絮做成的小窝。从一开始它就非常爱干净。它会笨拙地爬到盒子边缘，钝钝的小脸露出全神贯注的神情，接着一条乌黑油亮的粪便就排了出来，而且总是在同一个地方，总是在窝的外面。我给它起名叫威尔巴。它睡在我的床上，盒子紧挨着我的枕头，这样在它饿得轻声叫唤时，我就能醒过来给它弄吃的。它长得很快，变得机警灵敏，活泼可爱，令我们学校里的其他男孩艳羡不已。仅仅过了几个星期，它就长成了一只像模像样的伶鼬：机敏、眼睛闪亮。它的鼬科动物的智慧在我们共同经历的青春期里熠熠生辉。它的青春期似日出一般突飞猛进，我的青春期则缓慢踟蹰，而我醉心其中，乐此不疲地度过一个又一个漫长而有所收获的日子。

当它醒着的时候，它需要我无时无刻的照护。尽管它从来都不是我的宠物，但不可避免的是，它完全依赖着我，而我走到哪里都会带上它。它可以在我的斜纹软呢外套里睡得很香——这种外套是20世纪五六十年代大多数寄宿制学校的必备校服——当它长得更大的时候，我改造了外套的衬里，在衣服里开辟了一条从左手口袋向上直通胸前口袋的布隧道。当它醒来时，我就会感到它在向上钻，直到它突然从上面的口袋冒出那长着明亮双眸的小脸，欢快地吱吱叫个不停。其他学生被它这种近乎木偶般的把戏给吸引住了，缠着我让它一遍又一遍地这么做。别提什么宠物鼠或仓鼠，也别提什么沙鼠、兔子或豚鼠，小小伶鼬如它，威尔巴一直深受大家追捧。其他男孩求我让他们抱抱它、喂喂它，或者照顾它，但我从来都没有同意过。我要用我的生命去守护它。

我带它去上课，将它的小盒子放在课桌里，那时的课桌有可以开合的盖子，盖子的右角有一个用来放墨水瓶的直径两英寸半的圆孔。它可以在课桌里开开心心地玩耍，直到它觉得无聊，想找人陪它。这时它那可爱的小脸蛋就会出现在墨水瓶孔里，然后它便会跳出来，顺着我的胳膊跑到我的肩膀上，在我耳边兴奋地叽叽叫。如果穿长袍的校长在过道上走来走去，我就会把威尔巴塞回墨水瓶孔，再将一本书推到孔上，直到危险解除。威尔巴和我，我们在相互友爱中度过每一天，它依赖我，而我则沉浸在孩童般的梦境中，快乐、幸福、充满生气，这是我们存在的全新理由。那时，在我漫不经心的青春岁月中，伶鼬的一切彻底征服了我。它就是我想要的全部。

生活往往建立在快乐和愉悦的时刻之上。威尔巴和那段校园时光至今历久弥新，印刻于我的生命中。我是个乡下孩子，很早就对博物学产生了兴趣，但有多少乡下孩子养过伶鼬呢？又有多少人每天都要捕捉小鼠和田鼠？有多少人能近距离目睹捕猎现场，看着啮齿动物因为恐惧而瞪大眼睛，浑身颤抖，却无法逃离？紧接着的是快速而无情的追赶，冲刺，猛扑，獠牙刺咬，继而老鼠头骨下方发出一声尖锐的脆响；滚烫而瘫软的尸体被拖走，只留下沙地上的一摊血迹。

☆ ☆ ☆

3月19日

白昼来临，天空灰蒙蒙一片，云层浓密，就像搁浅的大船上的风帆，几乎看不出移动的迹象。天气温和了许多，但依然湿冷，昨日返归冬日的躁动暂时消停了。我穿越田野，峡谷南侧远处的山丘在东方升起的金属般的光线映衬下，显得愈发黢黑。有光，但还不够明亮。我磨蹭了一会儿。

三头欧洲马鹿在田野边警惕地盯着我，它们昂着头，竖起长长的耳朵，如青铜像一般一动不动；在没决定离开时，它们看起来就好像黎明时分头顶燃起火光的雕像。它们中有一头年老的雌鹿，腹部颜色较深，另外两头是年轻的跟班，可能是一岁的幼鹿。年老的雌鹿首先冲了出去，就在那一刹那，它那充满野性的大眼睛里闪过一道微弱的晨光。它们一字排开，跑了六个对侧步[1]就到了栅栏边，然后不紧不慢，以本能的优雅姿态跳起、落下，轻松地画出弧线，一道……两道……三道……它们就这样悄然隐没于树林间，仿佛从未出现在此地。我走到它们起跳的地方，看到湿润的草丛深处有它们的后蹄踏出的黑色蹄印。我真希望自己也能这样走进树林。但我得小心翼翼地翻越栅栏，以免触碰电网。

我回到墙边，但现在倚在距我之前所在位置十几码远的一棵桦树树干上，正对着这面墙。我准备好了望远镜。第一道曙光照亮灰色的石块，湿漉漉的苔藓闪着光，鹪鹩在我身后的某处唱着刺耳的歌，它一遍又一遍地重复，音量大得与它的体型毫不相称。我思忖着，是什么样的演化机制让鹪鹩长得这么小，声音却又异常尖锐？这么小的喉管怎么能有如此强大的穿透力——可以发出极强音？

黎明降临树林的时间要比田野晚得多。它必须费力地推开一棵又一棵树，然后挤进去，这样我才能安坐于林中的树荫之下，头顶是冬日里桦树和松树闪烁着光亮的枝干。伶鼬活跃于白天和黄昏时分，是微光中疾驰的影子。它们的窝以苔藓、青草或从篱笆倒刺上取下的羊毛制成，它们在这样的窝里睡觉，紧紧地蜷成一团，鼻子贴着尾巴，肚子吃得饱饱的，沉入海一般深的睡眠。无论白天或是黑夜，它们总能睡得深沉，这是捕食者才有的姿态。而小鼠、田鼠、

1 马术术语，指同一侧的前后肢同时离地和着地的步法。

家兔和野兔，甚至鹿都不可能这般无忧无虑地闭目养神。这就是生为猎物的生活。它们也许闭着眼睛，但鼻子仍不停抽动，耳朵也像雷达天线一样转动。它们每隔几分钟就会抬起头，瞪大眼睛扫视四周，检查……再检查……如果放松警惕，就是自找死路。因为自然从来都不会手下留情。

于是我等待着。日光渗入林间。一只雌性乌鸫在距离我很近的地方落下，它意识到自己的失误，吵嚷着飞走了。它那刺耳的警报声在林间回荡，久久不散。这种惊恐如曳光弹的火光一般发射出来。其他所有生物都知道这种警报，并立刻提高了警惕，清晨第一缕低垂的阳光如刀锋般劈进来，触发了这样的警觉。鹪鹩不叫了。我感到睡意正在将我的眼皮向下拽，不由地打了一个哈欠。深吸一口气，我清醒过来。瞥一眼手表：6 点 50 分。如果伶鼬在墙里的话，它应该很快就会出现了。然而又过了半个小时，什么都没有发生。

在墙的顶端，一只伶鼬从一块墙帽石跳到另一块，它正向我走来。它不慌不忙，一副若无其事的样子，甚至走出了闲庭信步的姿态。它走得轻快灵动，速度快得让人看不清那小小的爪子有没有碰到石头。在距离我几码远的地方，它立起身子，垂着前爪，棕色的小鼻子像品酒师一样翘起，四处嗅探，白色的腹部如雪条一样闪闪发光，其直立的姿态宛如一条乞怜的小狗。此刻我们之间的空气里充满了伶鼬的疑惑。它飞转的大脑里正在进行紧张的风险评估。它见过我，而且知道我是什么。我骗不了这只小动物。它机敏的小脑袋瞬间转动了一下，然后垂下。它跳上墙，消失在远处的墙边。这一次，谨慎主导了它。

一个小时过去了。我选择放弃，沮丧地走了。当我离开树林，我惊动了栖息在田野边缘松树高处的一只欧亚鵟。它没有看到我从后面走过来，我也没看到它，直到为时已晚。我距离它很近。这只巨鹰笨拙地向空中腾起，重重地拍了五下翅膀，然后张开双翼滑翔而去。上升时，太阳在它的背部镀上了一层转瞬即逝的古铜色光芒，接着在清晨明亮到刺眼的云层的映衬下，它又幻化成一道黑色的剪影。它痛苦的长鸣在峡谷间回荡。在山谷的远处，它展翅翱翔，转着大圈，越飞越高。我看着它渐渐变成一个小点，消失在遥远的地平线上，直到我再也没法忍受那耀眼的光亮。

3 月 20 日

我需要再试一次。现在时间略早，天色依然昏暗，空气中弥漫着夜雨带来的浓重湿气。我快速穿越高高的草丛，欧洲马鹿那浓烈腥香的麝香气味一阵阵地向我袭来，酸爽而刺鼻，就算它们此时还在田野里，我也看不到它们。它们带着棱纹的新鲜粪块闪耀着红酒瓶般的绿色，像湿煤一样闪着光。我在老地方翻过栅栏，站在属于欧亚鵟的那棵松树下，想看看我的到来是否惊扰了树林里的什么生物。然而什么动静都没有。林地肥沃，空气中充满了真菌的味道，野性的气息与鹿的气味交织在一起，令人愈发期待，仿佛一只狐狸或狗獾随时都可能小跑着经过。在这样的时刻，我真的希望自己能有野生动物一样的鼻子。

松树那鳞片状的树皮摸上去很舒服。我停在那儿，需要更多的光线。几分钟过去了，一只欧亚鸲飞来。这只大胆的鸟儿在树枝间扑闪着翅膀，现身于林间朦胧的光影中，轻巧地飞到栅栏旁的一棵桦树上。它距离我很近，近到我足以看到它炯炯有神的眼睛和歪向我这一边的脑袋。它不耐烦地甩了甩尾巴，浅黄褐色的小翅膀焦躁地抽动着。它唱出的每一个音符都完美无瑕，这恰到好处又清脆的歌声穿破寂静，清晰又急促。它向来是最早鸣唱的鸟儿，也知道人类走到哪里，哪里就会有虫子自己跳出来。歌声里那起伏的旋律似乎是对我而唱，仿佛在要求我行动起来。

在石墙边，我靠着桦树树干站定。就在我这么做的时候，我看到一只伶鼬跑出来查看动静，它白色的围嘴一闪而过。它小小的眼睛闪闪发亮，但光线还是太暗，我看不清它的样子。一秒钟后，它已经爬上墙顶，从我的身边飞奔远去。一连三天，我都在寻求确认。现在我确信，在这座墙的深处有一个巢穴。一个伶鼬的巢穴。这是我多年来偶然发现的第一个巢穴，我猜——不，其实我热切希望——里面有伶鼬幼崽。欧亚鸲跟着我走了进去，现在它激情高歌，而鹪鹩似乎也在用它自己的颤鸣回应我。黎明到来，整座树林倏地醒了。

观察伶鼬并非易事。哪怕你找到一个巢穴，在伶鼬幼崽第一次出洞之前，你也只能看到雌性伶鼬溜进溜出。雄性伶鼬不参与抚养小伶鼬的工作，而且可能也不在附近。我最想亲眼看到的是幼崽出洞，但我不知道它们什么时候会出来。雌性伶鼬已经产崽了吗？幼崽是什么时候出生的？它们是否很快就会出洞，还是要等上几天甚至几周？伶鼬的幼崽在四周或五周大的时候才会离开巢穴。我需要更多的信息，更多可靠的情报才能做出准确的猜测。我必须继续观察。

3 月 21 日

我改变了策略。我在正午时分到达，漫不经心地走进去，这次我靠着另一棵树坐下。太阳上升到春分点的高度，被厚厚的、歪斜的白色背光雨层云遮住，在它的映衬下，天空变得鲜活起来。风雨过后，干燥的空气中飘散着葡萄柚的清香。树林似乎正在振奋精神，它抖动着裙摆，为冬天的结束摇旗呐喊。但高地的春天总是来得太迟，它常常虚晃一枪，假装开始，就像抢跑的运动员一样，不得不被拉回来重新来过。

在高处，煤山雀和欧亚大山雀拉锯似的飞来飞去，仿佛要将整片森林砍倒。一只蓝山雀在我左侧的榛树小灌木丛里来回穿梭，忙得不亦乐乎。它似乎在收集蛛丝，当它飞起来的时候，蛛丝便随风飘荡。无论天气好坏，它们的春天已然开始。一个小时过去了，太阳在不透明的云层背后向西挺进，树干的影子随之在落叶堆中缓缓移动。一只林岩鹨正在墙根探索着什么，它对我视而不见，有条不紊地在最下面的缝隙中寻找蜘蛛和虫子。我正纳闷它为什么要待在地面上时，它突然飞起，径直消失在茂密的柏木丛中。

伶鼬沿着墙顶蹦蹦跳跳地跑了过来，嘴里紧紧地衔着一只小动物，从它耷拉着的尾巴的长度可以确定那是一只小林姬鼠。这种小动物平时举止优雅，但现在却瘫软无力，了无生气。伶鼬消失在墙的另一头。几分钟后，我站起身，越过高处的墙壁，蹑手蹑脚地下去察看。这些古老的石块上有许许多多可能的入口，在层层叠叠的深色青苔和地衣之间，有一些黑暗的缝隙和裂口，我分不清哪里才是它最喜欢的入口。尽管它在背阴处，但我还是需要从这一侧来观察。十分钟后，这只伶鼬又露面了，它看见了我，然后消失在石墙之中。

☆ ☆ ☆

四个月大的时候，威尔巴已经长成了一只体格健壮的雄性伶鼬。它的睾丸发育了，我可以在它腹部的毛皮下摸到它细长的阴茎骨。我养成了一个习惯。每天下午我都会带它出门，让它在学校操场边的草地上探索。它会立即进入狩猎模式，像穿越丛林的老虎一样在草丛里穿行。当它发现一只蚱蜢时，它会突然定住，然后像猫一样扑过去。我从未见它吃过昆虫，但我见过它咬碎昆虫，然后把它们吐出来。它好像知道自己是捕食者，本能地训练自己去捕杀。有一次它遇到了一只雄性锹甲，这只锹甲的鞘翅乌黑油亮，可怕的红褐色大颚像鹿角一样突出。它潜行、停下，再次潜行，接着它似乎无法停止自己的脚步，猛地扑了上去，但在最后一秒改变了方向，立即弹开，仿佛它知道这么做可能有危险。然后它跑回我的身边，爬到我的胳膊上，激动地在我的耳边叽叽喳喳地叫唤。

每天，我都会从朗沃斯活体捕鼠器[1]中拿出一只老鼠或田鼠——这是“为鼬父母”所必须履行的职责。如果抓得太多，我会立即把它们放走。一天一只足矣。起初，我会用手指轻弹头骨的方法杀死老鼠，再将热乎乎的、还在抽动的它们递送到威尔巴面前。虽然它还是个小不点儿，但它也会向老鼠发起攻击，用尖锐的獠牙咬住它们的脖子。后来我会把这些无助的猎物放到它白天活动的周转箱里，这样它就可以跟踪它们了。最后，当它快要成年时，我会把它带到荒草地上，让它漫步几分钟，看着它做捕食的准备，然后将小动物放到几英尺远的地方。它的捕食速度快如闪电，惊恐的猎物通常没有任何逃生的机会。当然偶尔也会有一只飞快地逃走——小林姬鼠跑得最快，有时只需一跃就能消失得无影无踪——而威尔巴嗅到了这种险些失手的可能，它会在草

1 朗沃斯（Longworth）活体捕鼠器是一款发明于 1949 年的捕鼠器，主要用于捕捉老鼠等小型哺乳动物。据称特点是可以将被捕动物的不适感降至最低。

丛中疯狂地搜寻，跳来跳去，有时将身体挺得笔直，然后俯下身去继续搜寻。当它回到我的身边，我会抱着它贴近我的脸颊，我能感到它小小的心脏像发动机一样飞速运转，直到这股肾上腺素退去。

杀死猎物后，它会将猎物拖到一个看不见的角落独自享用。如果我试着把食物拿走，它会愤怒地发出尖叫声并颤抖起来，而且常常不肯松口。它会咬开猎物的颅骨，吃掉大脑，然后从背部向下打开胸腔，吃掉其中的心脏和肺。有时它会吃掉一整只老鼠，只留下下巴、尾巴和毛皮的碎片。吃饱后，它便会爬到自己过夜的小盒子里，蜷成一团，像一条精疲力竭的狗那样入睡，睡得昏天黑地。几个小时后，再次醒来的它还是玩性不减，一直缠着我，直到我妥协。

威尔巴不是我的宠物。我始终明白，终有一天它会被野性和交配的冲动所召唤。这是我所害怕的日子，也是我不愿意谈论的日子。

☆ ☆ ☆

3月22日

我出门了，沿着老农场的小路上坡。在古老的椴树和欧洲七叶树组成的林荫道上，一只狐狸吓了我一跳——一次最短暂的亲密接触。它轻快地向我跑来，动作灵巧，连蹦带跳，鼻子紧贴地面，专注地追踪着某种看不见的气味轨迹。当时我正用手指拨弄着面前黄花柳那柔软的柔荑花序，看到这一幕时，我愣住了，手停在半空中。但这只狐狸并没有看到我，它径直跑走了。

它在距离我几十码远的地方又停了下来。它站在那儿，凝视着什么，看上去有些犹疑。它那对尖尖的耳朵镶着毛茸茸的黑边，脸颊和胸口有天鹅一般明亮的白斑，黑色的腿脚细长，细窄的口鼻上生着胡须，尖尖的脸看上去犀利而聪慧。我们的目光相遇了——而且保持了一小会儿——时间长到恰好可以让我从它那双浅琥珀色的眸子里读出恐惧，这股惧怕的气息像是被风吹起的蓟花冠毛，瞬间消散在清晨之中。这里是牧羊的乡村。狐狸会杀死新生的羔羊，因此这里的农民见到狐狸就会开枪。这一只同样不会以身犯险。它转身就逃，本能地利用它那娴熟的掩护技巧，先是钻进一片荆豆和金雀花丛，接着沿着一条壕沟跑出我的视线，跑了60码之后才再度现身。它冲进田野，穿过开阔的田地，向着远处的避难所——树林——飞奔而去，羊群被它吓得四散开来。它那浓密的尾巴好像一面旗帜，随着它的流窜起伏飘扬。羊群慌张地围成一团，目送它远去。虽然它已从我的视线中消失许久，但那股辛辣的尿骚味还久久萦绕在林荫道的树木之间。那是早晨八点。在我们对视的几秒钟里，那只狐狸仿佛一团燃烧着的红色火焰，烧出了花楸树浆果完全成熟前的红色，烧出了夏末英国老苹果的胭脂红——一种橙色和红色混合而成的光彩，被清晨太阳初升的第一缕光线所穿透。

晨雾挡住了我的去路，因此我没法更早出发。等阳光终于普照大地时，到处都残留着湿漉漉的气息——这种气息并不似雨水坠落那么潮湿，而是像喷洒在空气中的湿润细雾，在光影中半隐半现，明亮、透气、空灵而荡漾。蜘蛛网上挂着的水珠闪闪发亮，好似伊丽莎白蕾丝领圈上的珍珠。覆盖在桦树树枝上的叶状地衣看起来宛如一层翠绿的糖衣，光线从它们通常呈粉末质感的表面反射回来。

雾气依然弥漫在山谷和河面上。视线所及之处，我脚下的峡谷里有一片湖水，光亮如打磨过的锡器，在经由冰川峡谷通道传送而来的阵阵微风的吹拂下，湖面轻轻荡起。我看着雾气随着阳光的升起而消散。没有了晨雾的笼罩，大地呈现出针尖般锐利的清晰度，澄澈而静谧。湖面上方，远处的山丘在风的吹拂下看上去焕然一新。一片片明亮的云朵碎散开来，露出令人无法抗拒的野性的蓝色。我感到空气轻盈，仿佛要带着我沿农场小路飘向树林。

在石墙边，我坐在一片鸟鸣声之中。猛烈的阳光所触及的一切都散发着清新之感。阳光唤醒了整片树林，林中万物竞相奏出自己的旋律，就像一个正在调音的交响乐团。雄性苍头燕雀栖息在高处，自视甚高地尖声鸣唱，它们蓬起自己的羽毛，一遍遍地如此重复着。斑尾林鸽在远处咕咕叫。在我左侧的某处，一只大斑啄木鸟像发摩尔斯电报一般咚咚啄着树木。林岩鹨在灌木丛中发出机械般的声响。一只焦急的槲鸫脾气暴躁地咕哝着，不知藏在哪里的鹪鹩一刻不停地唱着叽叽喳喳的歌。“各种声音和悦耳的乐曲，使人听了愉快，不会伤害人。”[1] 而我，卡列班，像一根柱子一样哑然失声，成了它们中间的异类。不过令人高兴的是，它们选择无视我。

我现在知道伶鼬把巢穴安在哪里了，因此几乎可以肯定自己能看到些什么。我所需要的只是耐心，一种让我闭目养神的耐心，让树林、鸟鸣和阳光像潮水一般涌入我的脑海，将我深深吸引。有时，大自然的一丝一缕都呈现出近乎完美的精致，哪怕它们出现得那么随意，毫不刻意。现在就是这样的一个时刻：活力满满的鸟鸣，透过树枝投射下来的斑驳光影，弥漫着春之绿意的澄澈空气，所有这一切都被一种宁静的幻觉紧紧包裹。我能感到自己的情绪不断高涨上扬，直冲天际。我很乐意坐在这里安然等待。

不过我还没有来得及去确定，如果真的有一个伶鼬巢穴的入口，那么在墙壁上每一层的几十个洞口和缝隙中，到底哪个才是伶鼬常用的，而事实证明要弄清这一点比想象的更难。如果你盯着干石墙看的时间足够长，它会让你摸不着头脑。你会注意到根本不存在的动静。你的大脑将飞速运转。当你锁定一处黑暗的缝隙，很快你就会看丢它，忘记它到底是哪一个。这面墙就像墙纸上重复的图案一样，在你的意识中渐渐模糊。一点风吹草动都会让你警醒过来，但很快又会让你失望，因为那不过是高处的树叶在轻轻颤动。时间一

1 这句话出自莎士比亚戏剧《暴风雨》，原文为：Sounds and sweet airs that give delight and hurt not。下句中的“卡列班”是该剧中的一个半人半怪的角色。

分一秒地过去，我始终凝视着这面墙。

我试着看向别处，辨识起脚边的植物来：新长出三叶草形叶子的酢浆草，拥有精致粉色纹理的泥炭藓，在冬日枯萎的一簇簇苍白的曲芒发草，越冬后在四棱形茎秆上发出新芽的越橘。我拾起被冬日大风吹落的落叶松松枝，惊叹于每一个茎节上长出的微小的针叶束，它们就像用针钉在树干上的星芒。接着我开始观察遍布石块之上的深色苔藓和浅色地衣，蛞蝓在其所经之处留下亮闪闪的痕迹，仿佛刻于石块上的象形文字。这是一种神秘的编码文本，既随意又精确，令人浮想联翩。

看似漫长的时间实际上并没有那么长，最多也就一个半小时。观察野生动物向来需要耐心。但让我大吃一惊的是，这只雌性伶鼬并没有从墙里出现，而是从我的身后跑了出来。它飞快地跑过我倚靠的那棵树，向墙的另一侧跑去。起初我以为它没看见我，但在从缝隙中消失之前，它转过身来，以乞怜的姿势直立，直勾勾地看着我。我屏住呼吸。凸起的乳头在它雪白的肚皮上格外显眼——这正是我想要确认的。它打量着我，但它小小的眼睛里并没有流露出真正的恐惧。我们之间似乎涌动着一种共有的认同感。难道这只聪明的小动物——这只毛色红棕，带着食肉野性的小动物——仅仅过了几天就开始接受我和我身上没法掩盖的人类的臭味，认为我是无害的了吗？

在那最短暂的交会瞬间，我们之间仿佛有了一种无言的默契，一种存在于两个生命体之间的本能的、无声的、动物性的和解。它消失在石墙里，我记录了它的入口，这里有三道菠菜绿色的青苔从墙帽石上倾泻而下，就像是孩子们蛋糕上的糖霜。一个小时之后，我放弃了，离开了这片树林。有些时候，这么少的接触已然足够。

3 月 23 日

我睡得很不好。我知道那面石墙里有一只伶鼬，而且它还有幼崽。这是事实。但我已经有几十年没见到过伶鼬的幼崽了，这个事实让我再度有了念想。它们迟早会出现，而我想亲眼看看，不过我知道机会渺茫。这个难题困扰了我整晚。

每年春天，我都会找寻鸟巢，然后每天前去查看，因为我想要看到雏鸟第一次飞向空中的时刻，那是个颇具考验性的时刻，而且往往看着有些滑稽。麻雀、欧亚鸲、家燕、毛脚燕、鹪鹩、斑鹟、白鹡鸰、燕雀、林岩鹨、寒鸦、乌鸫和其他鸫鸟，所有这些在花园和房前屋后栖息地里忙碌的常见鸟类居民，给我们的春天带来了无穷乐趣。偶尔我会赶上好时机，但大多数时候我都错过了。不过每次看到新生命的诞生我总是很高兴，尽管这些生命往往十分短暂，最后都被一个猛子扎过来的雀鹰叼走了。

黎明时分，我再一次匆忙穿越田野。厚重的云层如寒冬的海洋一般阴沉，它们从西边山脉的背后汹涌而来，与东边层层叠叠、色彩变化微妙的云彩混合在一起。在这里，它们撞上了第一缕阳光，继而将它压制在一片无垠的阴影之下，以至于当我到达树林时，昨天所有欢欣的光彩都消失了。没有阳光，空气里弥漫着刺骨的湿气。我蹑手蹑脚地走了进去，沿着石墙下方前进，但与石墙的距离比之前更远，希望这样可以把我的气味限制在远离巢穴的地方。我踩着湿透的冬日落叶，避让着松树和落叶松下被风吹得乱七八糟的枝条，一路向山坡走去。

认为一个人可以在不被察觉的情况下进入树林并不是个聪明的想法。一只红松鼠从一棵松树的树干上垂直爬下来，在树干背后消失，继而又出现在我的视线里，探头探脑地打量我这个闯入者。它跳到一根树枝上，在我眼前停下，歪着头看我。它圆溜溜的黑眼睛周围有一圈浅色的毛，毛茸茸的长尾巴紧贴着背部的弧线，潇洒如披在绅士肩上的斗篷。瞪得大大的眼睛和为过冬而长出的夸张耳毛给它增添了一种好斗的基调。它的举止悍勇，看着既不高兴又充满疑惑，仿佛我无缘无故越过了它的临界距离，冒犯了它。我没有退缩。一只大山雀在松鼠上方的某处落下，大声惊叫起来，尖锐的单音节调子仿佛一种嘲讽，一遍又一遍地重复着，刺耳而激烈，一刻不停，令人不得安宁。松鼠甩了甩它的“大瓶刷”尾巴，溜上了松树。在它离开我的视线很久之后，我还能听到它的爪子在鳞片状树皮上弄出的声响。

我像往常一样面朝石墙坐下。一个小时过去，又一个小时过去了。小林姬鼠来了又走，紧张地在林地上跳来跳去，穿梭往来于树根底部，在落叶间寻觅食物。它们长长的、铁丝一般的尾巴在身后挥摆，就像写下书法字体一样优雅、流畅，而且完全不会碰到地面。

几分钟后，一只体型中等的褐家鼠从我左侧不远处的墙壁里钻了出来。它完全没有注意到我的存在，沿着墙根的地面嗅闻着什么，长长的口鼻不停地抽动。我猜它是在捕食小林姬鼠。大鼠通常是肉食性的，它们擅长捕捉和吞食小鼠与田鼠，而这一只却犯了一个致命的错误。赤褐色的皮毛一闪而过，那只雌性伶鼬从石墙里冲出，一把擒住这只褐家鼠的脖子。褐家鼠尖叫起来，发出细弱而痛苦的嘶叫声，它的后脑勺被咔嚓一声咬下，之后声音戛然而止。尽管这只褐家鼠的体型比伶鼬还要稍大一些，但伶鼬只用了几秒钟就将它拖拽到了石墙的基石石缝中。这是我几十年来第一次目睹伶鼬捕杀。我已经忘了伶鼬的速度有多快，下手有多狠，杀伤力又有多大。

杀死那只褐家鼠只用了两秒钟。这只啮齿动物根本没有活下来的可能。伶鼬一定是在距它还有一段距离的地方就已经发现了它。伶鼬躲在石墙内部埋伏着，像上紧了的发条一样，蓄势待发。它是从上方发起攻击的，从大约六到八英寸高的地方一跃而下，正中褐家鼠的背部。它在瞬间咬下那一口，时间短得只容得猎物发出一声惊恐的、穷途末路般的尖叫。

目睹这一幕戏剧化的捕食行为后，所有关于威尔巴的记忆全都涌上了我的心头。若干年前，我也曾多次亲眼见它捕食，实际上我见过差不多上百次，所以当我再次看到这样的场景时，并没有感到多么惊讶。我不觉得新鲜，也没有发出“哇”的一声惊叹——我只感到一种似曾相识的生动记忆如海啸般势不可挡地扑面而来，用温柔的回忆将我包围。

我被这突如其来的行为所打动，决定多停留一会儿。我背靠着树，完全沉浸在回忆中。沉沉的睡意降临，将我吞没。

一场无风的降雨浇醒了我，我浑身僵硬而冰冷。我惊恐地发现时间已经过去了近一个小时。在我熟睡的时候，西边乌云密布，将整片树林笼罩在黑暗之中。我决定停止活动，回家去。即便最敬业的博物学家对不适感的忍耐也是有限度的。我起身伸展身体，看见一只鸟儿尾部白色的羽毛像灯塔一般闪着光。是松鸦，它尖叫着飞来，落在我面前的墙帽石上。在这个阴沉沉的林地清晨，它就是一个花里胡哨、吵吵闹闹的入侵者。它从一块石头跳到另一块石头，嘎嘎的叫声在林间回荡，而在树林遥远的另一侧也传来了回应它的声音。它似乎察觉到了我的存在，于是展翅跃向空中，消失了。

我猜想伶鼬可能已经离开了石墙，我想看看自己是否能够闻到伶鼬的气味，于是走近石墙，弯下腰靠近那个它叼着褐家鼠进入的三角形缝隙。就在此时，一个微弱的声音响起，它如此微弱，以至于一开始我还以为自己产生了幻觉。接着它又响起，这次不是一个声音，而是多个细小的声音融合在一起的声响。我的心猛地一颤。我听到的声音并非来自石墙底部的空洞，而是来自一个更高、更偏左一点的地方。那声音虽然微弱，但清晰无误，令人过耳不忘——它实在太令人难忘了——那是伶鼬幼崽发出的细小声音，是我几十年来久违的声音，自童年起就印刻在我心里的声音。那细弱的叫声，像圣经纸一样轻薄，听着可怜兮兮，带着紧张的感觉，充满恳求。哦——多么微小而充满饥饿和渴望的声音啊。

我现在不仅知道了它们在哪里，还清楚地知道它们有多大——肯定还没有断奶。它们一定也听到了我的声音，察觉到了我带来的隐隐约约的窸窣声，误以为是妈妈回来让它们吃奶了。那是一个完全偶然的时刻，带着点令人震惊的喜悦，就好像一对秘密恋人在超市拐角不期而遇，他们面对面微笑着，晃着脑袋，不知道说些什么是好。要不是我一直弯着腰，耳朵离墙那么近，我本来是听不到一点声响的。

☆　☆　☆

就是这个声音。很久以前，我在发现自己的那只伶鼬时听到的就是这个声音。在最初的三个星期里，在我用移液管给它喂奶时它就是这么叫的；在夜里，当它的盒子在枕头上紧挨着我的脸时，它也是这么叫醒我的。这样的叫声慢慢变得成熟起来，变成了青春期里更强烈、更坚定且更持久的叽叽喳喳声。我对这种声音实在是印象深刻，因为这与它身上的那种麝香气味密不可分，这两种要素永远都紧密联系在一起。

随着它长大，它那暗淡的狮子黄褐色的皮毛很快就变成了更长、更亮、更光滑的海娜赤褐色[1]皮毛，而下巴到腹部之间的毛色洁白闪亮。它的乳牙消失了，取而代之的是獠牙，一种凶猛的撕咬和杀戮武器，那弯曲的犬齿就像猎鹰的利爪一样具有杀伤力。它发现了如何从茶碟里舔牛奶。它很爱干净，在自己专门选择的角落里大小便。它还非常喜欢舔舐自己的皮毛，已经到了近乎沉迷的地步。

它吃饱喝足了就要玩耍。我用一个旧行李箱给它做了一个大盒子，还安上了一个玻璃盖。伶鼬的玩耍永无休止，没有尽头。这只小动物似乎浑身是劲，充满弹性，就像它能抓住的小林姬鼠一样快速而灵活。用胶带粘在一起的管子、隧道、藏身洞和纸盒子制成的障碍赛跑道，可以让它快活地玩上好几个小时。它的好奇心无穷无尽，难以抑制，这是鼬科家族许多成员的典型特征。不把自己领地内的一切都好好探索一遍，它是不会罢休的。箱盖上挂着的毛绒球仿佛可以唤起它的杀手天性，让它发出狂喜的尖叫声。如果毛球像钟摆一样摆动起来，伶鼬就会用敏锐的小眼睛紧紧盯住它，整个脑袋都随之摆动。然后这只披着一身赤褐色皮毛，发出愤怒和蔑视的呼噜声和嘶嘶声的小动物便会全力扑向它，

1 海娜（Henna），学名散沫花（*Lawsonia inermis*），是一种生长在东非和东南亚等地的千屈菜科植物。它的叶子晒干磨粉后可制成染料，用于在皮肤上绘制图案。用海娜染料涂抹的颜色呈赤褐色。

假装生气地紧紧咬住它，然后前后摆动，徒劳地想要杀死它。伶鼬最终放弃，它消失在自己小小的盒子里，陷入如坟墓一般幽暗的伶鼬睡眠之境，直到饥饿再次将它唤醒。

它有一个独特的喜好，是在几个半满的书架上，于书籍之间穿梭往来，绕着它够得到的每一本书上下左右、前前后后地转悠。它会把书翻倒，让它们平放，然后用鼻子将它们推到地板上去。如果从书架边缘向下看去，它还可以看到下面十英寸或十二英寸的地方。只消一个行云流水般的杂耍动作，它就可以荡下书架，四脚着地，落在较低的书架上，重新开始它的文学搜索之旅。在它长时间的粗暴游戏中，它从来没有因为生气而咬过我一口。它常会用小牙齿轻咬我的手指，有时甚至会咬我的耳垂，但从来都没有咬出血来。它似乎很清楚玩耍时可以令人接受的力度，这与它对猎物的残酷攻击截然不同。

☆　☆　☆

3月24日

雨。风雨交加，日夜不歇。在这样的天气里，大雨浸透了天空、山川、荒野、田野和树林，甚至土壤本身。地平线看不见了，我们觉得自己被禁锢了起来，锁在一个封闭而动荡的世界里。在这样的日子里，与其出门冒险，不如赖在床上。这样的日子过于无情，以至于空洞的绝望开始腐蚀你的灵魂。我一直走到田野上，被狂风吹得东倒西歪，只看到风魔将树枝和湿漉漉的树叶卷到篱笆和建筑物的角落里。不到一个小时我回到家，浑身湿透，瑟瑟发抖。我能听见远处云杉种植园里树枝折断和整棵树倒下的声音。暴风雨肆虐了一整天，一刻也没停过。大雨如注。下午晚些时候，我坐在火炉旁，想象着伶鼬——以及其他任何野生动物——该如何度过这样的日子。

3月25日

怒吼似的水声将我从睡梦中拽了出来。气旋在高地肆虐了36个小时，这是来自大西洋的最后一阵春分暴风雨。黎明将山丘送还给我们，上面挂着一道道绚丽的朱红色条纹，边缘呈紫色，那是暴风雨即将离去时最后的喘息。太阳升起时，这些山丘依然在“燃烧”，红色渐渐变为黄色，映衬着耀眼的蓝色，其光彩之绚丽，简直令我怀疑它是否还能再度变成灰色。我在十点出门，吸饱了水分的草坪在阳光下蒸发着湿气。

溪水从漫溢的湖泊中汹涌而下，汇入河流，泛起白色的泡沫和水花，溪流的河床上传来巨砾滚落的沉闷轰响，这正是春季的洪水。我去看了。愤怒的水流让人感到谦卑。伴随这种谦卑感而来的是一种真正的恐惧。我能感到喷溅到我的面颊和嘴唇上的水雾。这时你的心里会非常清楚，一旦掉进水中就没法生还。这并非水流湍急那么简单，这是汹涌而下的洪流，在河岸上下、周围和河岸间的各处翻滚，仿佛无法抑制自己的怒火。你会本能地后退。悬垂的树枝被折断，河岸上整块整块的泥土被挖出，转瞬消失不见，被急流吞没。你的视线没法聚焦于像火车呼啸而过一般迅疾的水流。你只能离开，紧张而亢奋，被大自然的力量冲昏了头脑。

河流下游半英里处是艾加斯大坝截断峡谷的地方，在这里，水利工人打开了紧急泄洪道，阻止山谷洪水倒灌。一道卡布奇诺色的迷你尼亚加拉瀑布猛烈地撞击着黑色的岩石，清晨的空气中弥漫起水雾和潮湿洞穴的寡淡气味。我希望水獭已经将它们的幼崽转移。

十点半，我穿越田野。苏格兰高地牛也散发着蒸汽。它们蓬乱的冬季皮毛已经散去了大部分湿气，但它们还是有意识地走到阳光下，歇下来静静反刍。阳光照在它们的背上，看上去似乎也着了火，轻轻地冒着烟。在那一对展开的巨大的上翘犄角下，一双深邃的琥珀色眼眸给它们带来一种不祥的邪气。如果不知道它们其实十分温顺，我可能会将它们当作可怕的异世界野兽，就像过去的原牛[1]一样。

走在树林间，脚下发出咯吱咯吱的声音。我沿着石墙往上走，

1　原牛（*Bos primigenius*）：曾经遍布欧洲大陆的大型动物，最早于 25 万年前到达欧洲大陆。1627 年，最后一只原牛死于波兰。

雨水形成的涓涓细流从山丘上流下，将去年的落叶和落叶松的迷你松果冲刷成迷人的微型三角洲和冲积扇形，这些图形被林地碎屑组成的细长小岛所隔开。我有些担心，石墙会不会被洪水冲垮？伶鼬的巢穴还安全，还干燥吗？我知道大多数哺乳动物在察觉到威胁时都会把幼崽转移到安全的地方。而从之前那些细弱的叫声和雌性伶鼬的乳头状态来看，我知道那些小伶鼬还没有断奶。它们应该有两到三周大。伶鼬幼崽在四周大的时候断奶，五到六周大的时候开始吃肉，同时开始学习与母亲一同捕猎。

我检查了与巢穴有一定距离的石墙。我把手挤进两层石头之下的缝隙里，发现墙壁很冷，但并不潮湿。尽管墙帽石上密密匝匝的苔藓垫子可以保持湿度，但它们的根部却如草皮屋顶一样密实而干燥。我记得巢穴所在的石墙上也覆盖着苔藓，为此我舒了一口气。我确定它们还在那里。太阳再度将鸟儿唤醒，尽管还是有水滴下，但林子里已经响起了自发的欢快大合唱。这声音淹没了我，驱散了我所有的疑虑。我迈着欢快的步子离开了树林。

在我穿越田野返回的路上，我站着看了一会儿鼹鼠小土丘的喷发。从表面上根本看不出任何东西，但伴随着一阵抽动，新鲜的棕色泥土突然从地下喷涌而出，就像一座迷你火山。它接连喷发了三四次，接着在停顿许久后再次喷发。雨水将蚯蚓带到靠近地表的位置，成为鼹鼠可以轻松获取的猎物。它们用强有力的铲状前爪来挖掘新的地道，这种前爪具有强大的液压驱动能力，可以将战利品分流到地表，形成一长串疏松的棕色土丘。

☆ ☆ ☆

这一天到来了。我不得不振作起来。一种令人不适的恐惧感在我不安的内心深处翻腾。威尔巴在我的上衣口袋里，蜷缩着，心满意足地睡着。我和一位同学一起缓慢而安静地走进树林，来到那根爬满了常春藤的圆木旁，这是它出生的地方，是十个月前我最初发现它的地方。我在塑料袋里装了一只活田鼠。我用手捧起威尔巴。它坐起来嗅了嗅秋天的气息，跑上我的胳膊，在我的肩头坐下。接着它又跑下来，蹦蹦跳跳地跑到林地上，自信满满地期待我放出猎物。我将它的小睡眠箱放在圆木下，里面依然塞着散发着伶鼬气息的棉絮，这样在它需要时，它还有地方可以过夜。我们坐了下来，看着它在落叶堆和被常春藤盖得密实的地面上穿梭，嗅探，检查，寻找。它全神贯注，眼睛炯炯有神，黑加仑一样的小鼻子不停地试探着。这是一只成年伶鼬。它蹦跳着回到我身边，跑到我的腿上，在我的膝盖上坐下，饿着肚子不耐烦地唧唧叫着。

我们小心翼翼地打开塑料袋，将田鼠放到地上。它颤抖了大约三秒钟，然后一溜烟地窜进了灌木丛中。接着我把威尔巴轻轻地放在了它的足迹上。威尔巴的整个举止都变了。它向前猛冲，再向后，然后飞快地跑开，瞬间进入彻底的狩猎戒备状态。常春藤泛起一阵阵叶波，好像鳟鱼在浅水溪中游动一般，这股叶波忽前忽后、忽左忽右地移动着……最后一声微弱的尖叫告诉我们，它抓到田鼠了。接着我们就看到它出现了，嘴里咬着一只软塌塌的死老鼠。它跑向圆木，又消失在圆木下，在深色的常春藤幕后消失得无影无踪。

对这一切我们早有准备并已经演练过，于是我们快速起身离开。

我回头看了吗？我记不清了，但我记得我们匆匆回家路上的沉默和深深的失落。请不要说我多愁善感。这些决定和判断都是在当时的情感驱动下做出的。但事实的真相就是这样，我无法真切地回忆起那只小动物最后离开时的情景，否则我会因为那几个月来我所体会和陶醉其中的种种而感到空虚失落。那年我 16 岁，对任何年轻的生命来说，这都是一个情感错综复杂的年纪。那只伶鼬没日没夜地吸引着我，但我已经长大了，我具备了足够的自然智慧，知道它虽然可爱，但并非宠物——它身上没有一丝被驯化的痕迹——它充满野性、不可侵犯的本性在它的血脉里涌动，带着残酷无情的暴虐。它属于野外，而不属于我，它必须返归野外去碰碰运气。我回去找它了吗？是的，第二天我就去了。我在那根圆木旁站了十分钟，咬紧牙关不让自己呼唤它的名字。我什么也没看见，什么也没听见，什么也没有感觉到，只有自己的惆怅将我压得喘不过气来。

但我的伶鼬故事并没有就此结束。我非常清楚，将人工养大的动物放归野外是一件充满不确定性和风险的事情，往往会导致动物因为没有经验而被饿死或被其他捕食者杀死。在野外，伶鼬有许多天敌：鹭、乌鸦、狗獾、狐狸、野猫和家猫、西仓鸮和林鸮、红隼、白尾鹞，甚至鹭鸟和鸥都曾对伶鼬下手。在苏格兰高地，伶鼬的头骨还曾出现在金雕的粪便中。到处都是危险、威胁和不确定因素。它怎么知道谁是捕食者？它能好好猎食吗？它能在自己的盒子里栖息和睡觉吗？还有多久它才能找到属于自己的巢穴？它不害怕人类，这会不会让它过早丧命？它会找到配偶吗？这些忧虑惹得我夜不能寐，多少次我都想把它找回来——但我没有这么做。

差不多过了整整一年，在盛夏里的一天，艳阳高照，新鲜收割的牧草散发出令人陶醉的清香，从附近的田地里扑面而来。我和父亲漫步在那片熟悉的树林里。我们经过了那根圆木。我指着长满常春藤的榆木告诉他："我就是在这里放了威尔巴的。"我们默默前行。几分钟后，在走出差不多只有一百码的距离之后，我们在洒满阳光的河岸坐下，吃起三明治来。

我们在那儿轻声交谈了大约半个小时，突然一只身披光亮栗色毛皮的成年伶鼬从高高的草丛中蹿了出来，它立起身子，摆出乞怜的姿势，直勾勾地盯着我们。我屏住呼吸，心跳似乎都停止了。这只伶鼬转身径直向我奔来，它跳上我的腿，爬到我的膝盖上。我们对视了一秒钟，然后它转身跳进了灌木丛。这是我最后一次见到威尔巴，但我却满心欢喜。它活了下来，野性十足，自由奔放。

☆ ☆ ☆

4月8日

两周后，春天来了。来自西南方向的风柔软如羊毛，像礼物一样标志着新的季节的到来。温暖的空气在日出时高高升腾，光线缓缓越过山峰，从云层间散射出来。黎明时分，鸟儿欢呼雀跃，而待我迈出家门时，它们又开始了重复持续的大合唱。当年的第一只蝴蝶在田野上轻盈地跃动，它苍白的翅膀和杏色的色块宛如贝里沙信号灯[1]一样闪烁着生动的亮光——这是一只雄性红襟粉蝶，它正在寻找色彩相对暗淡，翅尖带着烟灰色斑点的雌蝶。后者在草地上来回飞行，搜寻开粉红色花朵的草甸碎米荠来产卵。它们的卵有针头大小，呈鲜橙色[2]，每株上只产一粒。

1 贝里沙信号灯（Belisha beacon）：英国的人行横道指示灯，通常为橘黄色。

2 准确地说红襟粉蝶的卵最初是浅绿色的，产下几天后会变成鲜橙色。

高空中，七只大天鹅排成V字形在耀眼的蓝色天幕中庄严地向北方飞去。飞离我的视线之后，它们振翅的声音和笛音般轻柔的呼喊声依然久久回荡着。它们正在迁徙，飞回位于斯堪的纳维亚半岛北部的北极繁殖地。鸟鸣、蝴蝶和天鹅仿佛是一切美好事物的验证和预兆。地球沿着它长长的椭圆形轨道开始了新一轮围绕太阳的运转，这是自然而然的事情，季节再度轮回，从冬日漫长的黑夜中解脱了出来。

我继续观察和聆听，几乎什么也没有看到，但我听到伶鼬幼崽的叫声慢慢地变得越来越大，也越来越急迫。每天——有时在黎明刚过的清晨，有时在光线渐暗的傍晚，雌性伶鼬都会带着猎物回来——田鼠、老鼠，偶尔还有鼩鼱。有一次，我的耳朵与石墙靠得非常近，当时这只雌性伶鼬正叼着一只田鼠沿着墙帽石飞奔回来。它将田鼠丢在墙顶，然后跑走了。而那田鼠身体尚有余温。我后退了几步。十分钟后，它回来一把叼起田鼠，飞快地钻进石墙。看来它并不在意背靠桦树的我。

4月10日

黎明像盗贼一般偷偷摸摸地到来。林鸮似一片落叶，悄无声息地飘到了墙帽石上。它向四处张望了几秒钟，用那双适应黑暗的眼珠注视着我，满脸不快地怒瞪了我一眼，然后腾空而起，跃进清晨的天空，如幽灵般消失在树林间，就好像从来都没有出现过一样。如果我认识那群伶鼬，那么它一定也知道。捕食者的生存之道就是利用猎物冒冒失失的愚蠢。这就是林鸮的活法：它暗中观察，然后记住。它仔细记下猎物的一举一动和声音，以备行动和日后参考。它的大脑里有一张带注释的地图，记录着狩猎的界线。它依照捕猎的成功程度，例如“优秀、良好和一般”，来记录日常的栖息地点。猫头鹰从不忘事。

糟糕！我太迟钝、太迟钝了，我被自己错误的想当然的想法蒙蔽了双眼。我本该读懂那些神秘的信号——它们再明显不过。林鸮本该向我大叫，但它并没有。伶鼬的幼崽已经出洞了，一直在观察的林鸮早就知道，因为它已经绘制了它们的行动地图——而且它盯上伶鼬的巢穴可能已经有一段时间了——希望如此。第一次外出的伶鼬幼崽对饥饿的林鸮来说是一顿美味的大餐，而且很容易捕获。我太愚蠢，太盲目，我过于沉浸在自己怀旧的观察世界里，与现实过于疏离，毫无觉察，完全一副人类的德性。我们的世界是“另一个世界”，一个不同的世界，一个几乎不平行的宇宙。我们在很早之前就已经脱离了伶鼬和林鸮的林地世界，再也回不去。

我在松树林里带着温暖松脂气息的朦胧光影中等待。先等了一小时，接着又等了一个小时。阳光一束束地洒进树林。影子交叠在一起，看上去好像变暗了，转而又渐渐消失，空气中满是看不见的种种。林间的微尘被轻柔无比的微风拂过，在阳光下翩翩起舞，宛如蚊蚋。树林慢慢地苏醒过来，恢复了活力。从我右侧某处传来一阵松鸦癫狂的尖叫，如警报一般划破这里的寂静。众鸟争鸣，歌声欢快地在树林间回荡。一只林岩鹨在我面前的石墙顶部一闪而过，转眼又消失不见。

两只看着如大头钉一般尖利的冠小嘴乌鸦目视着我离开田野；它们是专门来看我的。它们飞过我的身边，在我看不到的地方落下，在高处大声嘎嘎叫着。在十分钟的时间里，它们一直待在欧亚鵟曾经待过的位置上，也就是那棵老松树干枯而扭曲的树杈上，伺机行动。不过它们最终还是放弃了。它们在山谷上空展翅飞翔，像一对邪恶的暗影。它们离去时的叫声穿过树林，机械地发出刺耳的声音。

鹪鹩几乎不间断地唱了一个小时。它悠扬的颤音环绕着我，活力十足、持续不断，充满了整个空间，以一种与它的身材完全不成比例的巨大气力和音量宣告和包围了它的领地。它的歌声比欧亚鸲、苍头燕雀、山雀和迟缓的林岩鹨都要响亮，甚至也比乌鸫的鸣啭啁啾和槲鸫的尖锐笛音还要响亮。它叫啊叫啊。通过双筒望远镜，我可以看到它小小的喙朝向天空，琥珀色的喉部舒展，尾巴竖得笔直，翅膀随着鸣唱在肩部的带动下摆来摆去。它从一根树枝跳到另一根上，接着再跳回来，然后调转方向，带着一种强烈而自信的蔑视叫得越来越响亮。但后来它停下不叫了。

我还是没明白这是怎么回事。鹪鹩扇动着小小的翅膀飞到墙边，落在苔藓垫子上，像蟋蟀一样凶巴巴地不断发出刺耳的声音。只过了一秒钟，它就不见了。它飞回了灌木丛中，在那里还是叫个不停，执着又疯狂。慢慢地，我开始意识到发生了什么。我坐了起来，突然变得异常清醒。

它们来得太急太快，以至于我完全不知道该看向哪儿。在石头和苔藓永恒的寂静之中，突然出现一只只伶鼬，在石墙上扭动。它们跑着、跳着、蹦着、攀爬着，在缝隙间钻进钻出，有时一跃而起，有时蠕动前行，或像青蛙一样蹦跶，或相互偷袭，然后继续跑进跑出，翻越墙帽石，跳到铺满落叶的地面上，接着再爬上去，消失、出现，看着就像一出疯狂的木偶戏，既滑稽可笑，又让人眼花缭乱。这是一场伶鼬的狂欢，一场伶鼬的壮观表演，一支伶鼬的幻想曲；这是伶鼬激情的释放，它们多得数不清，似乎永不满足，又势不可挡，令人目不暇接。它们就像一群恣意狂欢的漂亮的栗色破坏者。我数了一次又一次，但就是数不清它们有多少只。不过肯定有五只、六只，甚至七只伶鼬幼崽，我只能通过它们平钝的小鼻子，并对照身边的伶鼬妈妈来分辨它们。这群伶鼬简直就是一群蠕动的、扭曲的、毛茸茸的空中特技演员，它们翻滚、纠缠、扑腾、冲撞、跳跃，充满了无穷的弹性。它们的动作实在太快太令人惊叹了，以至于当它们以出现时同样快的速度消失时，我已经精疲力竭。

我没看清它们去了哪里。也许它们回到了石墙深处？或是像被精力十足、恶魔猎手似的猎鼬犬队追杀了一般，在石墙那一头钻进了树林？我永远都不会知道了。我又等了二十分钟，祈祷它们能回来，但——什么也没发生。我缓慢地、不情愿地起身，离开树林。

在我磨蹭着穿过田野往回走的时候，我满脑子都是伶鼬——我刚刚看到的那群伶鼬，以及很久之前热烈回应我的那只伶鼬。在此之前我不曾看到它们出现，但它们肯定已经出来一段时间了。它们看上去丝毫没有初出茅庐的感觉，也不像是在小心翼翼地试探它们所闯入的危险世界。这是一群快乐的、喜欢玩耍的年轻伶鼬，它们对所处的环境了如指掌，因而显得从容不迫、张扬自信、无所顾忌。我想，它们至少已经和自己的母亲在外学习了两天或更久，也许它们是在组团狩猎，磨练技能，用伶鼬所独有的方式去试探，没准就能完成伶鼬的天职，找到并杀死猎物。

第三章

狗獾

在它的林间小路上，獾咕哝着
毛发粗乱、鼻子尖尖、眉如黑黛
它来自灌木丛和树林
在蕨类植物和树丛间刨出高高的洞穴

——《獾》(“The Badger”)
约翰·克莱尔(1793—1864)

狗獾是食肉目鼬科獾亚科（Melinae）下的一类动物。全世界共有 11 种獾亚科[1]动物，分别属于不同的属。英国的獾即欧洲狗獾（*Meles meles*，为方便叙述，下文均称之为狗獾），它的学名来自拉丁语里的 melum，意思就是獾。獾在法语里叫作 blaireau，在德语里叫作 dachs，在西班牙语里则是 tejón。其英文名 badger 源于古法语里的 bêcher，意思是挖掘，而 bêcheur 就是挖掘者的意思。英国各地均有狗獾分布，但大多数近海岛屿没有。此外，狗獾也广泛分布于欧洲各国。

1 根据当前的分类，目前獾亚科下共有 7 个物种，分别属于猪獾属（*Arctonyx*，3 种）和狗獾属（*Meles*，4 种）。

狗獾是一种长得像小熊一样的哺乳动物，它们体形矮壮，腿短小，毛发灰暗粗乱，体重为 8～14 千克。它们最典型的特征是从耳朵经眼睛一直延伸到鼻子的两条显眼的黑色条纹，几乎与它们白色的脸庞等长。动物学家将这种具有警告作用的条纹和颜色称为“警戒色”，胡蜂、臭鼬和许多毒蛇都具有这样的警戒色。对于狗獾来说，脸部显眼的条纹可以提醒潜在的捕食者它们下嘴凶狠，脾气暴躁，而且自卫能力很强。狗獾的毛皮厚实，其体毛由末端灰色并具有黑色条带的针毛以及灰短的下层绒毛所组成。

人们将雄性狗獾称为公獾（boars），雌性称为母獾（sows），而年幼的则称为幼獾（cubs）。狗獾的耳壳又短又圆，有白边，眼睛位于面部黑色条纹正中，小而有神。它们的视力很差，但听力敏锐，嗅觉也很灵敏。它们是强大的挖掘者，可以挖出深邃的、具有多个巢室的洞穴，这种洞穴被称作獾穴（setts），通常位于斜坡或河岸之上。老旧的獾穴可能会有多个入口和在地下相互连通的隧道，这样的洞穴覆盖范围很广，可以轻松地通过洞穴外的沙质或白垩土丘辨认。狗獾主要在夜间行动，它们在黄昏时分出洞，于黑暗中四处觅食。

狗獾的栖息地通常位于树林、杂树林和田边，现在它们也会住在郊区的花园里。从海平面到高山之上都有它们的身影。狗獾需要在松软或沙质的土壤中挖掘洞穴，此外它们也需要潮湿的土壤来捕食蚯蚓，后者是狗獾食物的重要组成部分。狗獾有强烈的领地意识，为了将侵犯者驱逐出邻近领地，它们会展开激烈的争斗。它们在由 5

到15只狗獾组成的群落中生活，但也可以生活在更小的群落中，甚至作为单一物种存在，这取决于它们可以找到的食物有多少。狗獾也非常爱干净：它们收集青草或欧洲蕨作为巢垫，把它们团成一团，然后用下巴夹着拖进寝室。它们会定期将弄脏的巢垫从巢穴里取出，再换上新鲜的植物。它们还会在巢穴附近和其他地方挖出浅浅的便坑，以此标记领地范围。

与其他鼬科动物一样，狗獾的齿系也是肉食性的，它们的犬齿清晰、下颌有力，但它们的后牙却适合杂食。它们的上下臼齿扁平，可以磨碎谷物、水果、坚果、根茎和块茎等植物性食材，以及甲虫、蛴螬，还有更重要的、占狗獾食物组成70%的蚯蚓。它们也捕食小型哺乳动物、地栖鸟类和它们的蛋，此外还会吃兔子窝里的小兔、两栖动物、刺猬，有时也吃腐肉。它们最喜欢的是蜜蜂和胡蜂的蜂窝、巢室、蜂卵、幼虫和成虫。它们用有力的爪子将这些东西统统从地下挖出，然后贪婪地吃掉，丝毫不在意蜂群的蜇刺。

为了在积雪覆盖、天寒地冻且食物有限的冬天生存下来，雌雄狗獾需要在秋季通过大量进食来增加棕色脂肪[1]的含量。冬季天气恶劣时，狗獾常常一连几天都待在洞里不出来，但它们不会冬眠。

和其他鼬科成员一样，狗獾也有延迟着床的特性，这种遗传适

1 棕色脂肪：动物体内呈棕色的脂肪组织，多出现在动物幼体和冬眠动物的颈部和腋部。这种脂肪组织可以产生大量热量，对维持初生和冬眠动物的体温非常重要。

应性可以让受精卵保留在输卵管中，直到母獾有足够好的状态让胚囊嵌入子宫壁并开始发育。这种机制使得母獾可以在一年中的任何月份交配，妊娠期七周，幼崽通常在二月或三月出生。刚出生时的两到四只幼崽没有视力，它们通体粉红色，披着一层柔软的银色绒毛。它们在四周大时睁开双眼，八周左右时第一次来到地面。十二周起幼崽开始断奶，不过它们可以一直吃奶吃到五个月大。幼崽非常贪玩，经常蹦蹦跳跳、你追我赶。

现如今，它们几乎没有人类以外的任何天敌，但在历史上，冒失的幼崽可能会被狼、猞猁、棕熊、貂熊，甚至老鹰叼走。现在，它们最大的威胁是人类的直接迫害和路杀。在英国，每年有多达50% 的狗獾死在我们的公路上。大多数人只见过路边的狗獾尸体。自 1973 年以来，狗獾就受到英国法律的保护，然而在一些乡村地区，人们依然从事着针对狗獾的非法活动，他们将狗獾从洞里挖出，并将它们用于一种野蛮又残忍的所谓“体育运动”，即把狗獾当作斗犬的诱饵，赌这可怜的动物可以活多久。在这种游戏中，狗獾往往难以避免被狗咬死或咬成重伤。而这种卑劣的活动至今还在暗中进行。

狗獾是牛结核病的传播媒介，这种疾病是在 20 世纪 70 年代由养牛户无意中从欧洲大陆引入英国的。人们认为狗獾传播了这种疾病，虽然它们是受保护的物种，但在英格兰和威尔士的奶牛牧场和肉牛养殖场中，狗獾还是遭到了种种官方或非法的迫害。设套、射杀和毒气攻击是捕杀它们的主要手段，非法陷阱也常被使用。狗獾很容易捕捉，因为它们习惯沿着固定路线往返洞穴和觅食地之间。目前还没有确凿的科学证据表明狗獾是传播牛结核病的唯一元凶——实际上这样的传播媒介还有其他几种，例如黇鹿和刺猬——但人们还是坚持认为狗獾是罪魁祸首，历届政府均授权在部分地区捕杀狗獾，因而也引起了争议。

☆ ☆ ☆

在艾加斯，狗獾与我们朝夕相处。它们每晚都会被花生和蜂蜜吸引，来到野外中心的野生动物观测点。我们的游客喜欢近距离观察它们，而狗獾也总是欣然配合。

对我来说，狗獾一直都存在于我的生活中，它们就像松树和桦树，还有荒原上的春兰或秋天长出子实体的真菌一样，是我生活景观的固定组成部分。如果没有它们，这片土地就不一样了。艾加斯是它们的栖息地，这里非常适合它们生活。每天散步的时候，无论我是否带着狗，都能看到它们的身影。只要多加练习，你也能看到它们。你不会弄错的——它们不是在这里拱土，就是在那里刨洞。它们在松软的土地上留下宽大、略显扁平的足印，脚掌的形状像一块拼图，五个脚趾垫踩下的印迹正对着前足长长的爪印，好像一个个箭头状的凹陷，而后足的足印通常紧随其后。它们常规的夜间觅食活动可以覆盖几英里的范围。你可以看出它们的行动规律：和鹿与羊的足迹不同，它们走过的路被踏得又实又平，在树林中蜿蜒。而那之后，你会时不时地停下来观察。你简直没法相信自己的眼睛，因为眼前的景象仿佛敞开大门的地狱。

当狗獾发现一个容易得手的马蜂窝时——这样的蜂窝可能在一棵老树桩上，或是在通往地下根洞的老鼠洞或田鼠洞里，甚至在古老的干石墙的基石间，它们会让獾的力量发挥得淋漓尽致。也许我们应当用一个专有词汇来形容狗獾的这种身体力量，例如“獾之力”（badgerforce），或是干脆改写 badgered 这个词的意思，在“被骚扰”之外新增“被彻底破坏”的含义[1]。

你必须亲眼目睹才能体会这种力量：巨大的砾石被拖出地面，推到一旁，树根被扯断撕裂，泥土和石块被甩得远远的，还有一个挖巢造成的大坑。马蜂用口器精细地将蜂巢制作成贝壳似的弧形结构，但这些精致的纸浆材质的蜂巢巢壁与巢室却被大肆破坏，碎片四散。那么马蜂呢？死了，被吃掉了——一只都不剩。有时，在清晨令人清醒的寒意中，我会看到一两只不知所措的工蜂徘徊不定，很明显它们在思考到底是什么怪物彻底摧毁了它们的家园。死寂降临。似乎有什么机械和液压装置发挥了作用。所有的幼虫都被吃光，数百个蜂卵也没了踪影，几十只工蜂和所有正在发育的蜂后也统统

1 在中世纪，人们捕获狗獾后会将其放入一个桶中，让狗去将它拖出来，完成后狗獾会再次被放入桶中，如此反复。因此 badger 一词也有“骚扰”和“持续攻击”的含义。

被吞噬，而凶手却毫不在乎它们的蜇刺。马蜂越是愤怒，越是试图去攻击狗獾，它们就越容易被吃得精光——狗獾会找到它能找到的所有马蜂，吃光后捧着饱腹拖着脚离开，留下一片狼藉的景象。我不知道是否有人目睹过这样的场景，更不用说把它拍下来了，但在我最想看到的英国大自然的野性狂欢中，它绝对排得上前十。

我的一位好友是德文郡研究狗獾的退休科学家，他曾用重物做过实验。当时他将花生藏在一个铁制的垃圾桶盖子下面，然后在盖子上堆上沉重的石头。但他的狗獾却完全不受影响。它们夜复一夜地将石头拖走，然后掀开垃圾桶的盖子，大口大口地吃起坚果。后来他又试着放上水泥块，一开始放一两块，后来加倍，然后又加到三倍。但结果还是一样：水泥块被拖走推到一边。最终他用钢钉将垃圾箱的盖子牢牢地钉在地面上，然后在上面堆上大石块。然而狗獾似乎在嘲弄他，它们好像在说："清醒点吧，伙计！我们可以拆穿你所有的把戏。"它们积极迎战，在盖子下面挖了一条隧道，将所有的大石块都留在原地。这简直就是狗獾说了算的游戏。

在树林里，狗獾发挥着宝贵的生态功能。生态学家将它们称为"生态工程师"，因为在为自己改变自然环境的同时，它们也造福了其他物种。通过挖掘巢穴，它们也为狐狸和许多无脊椎动物提供了家园；它们翻动土壤里的养分，在所经之处创造苗床。无论是在土壤中凿个小洞挖蚯蚓或蛴螬，还是掘个大洞挖马蜂窝，它们都会留下一个光秃秃的土坡。这是对飘过的种子——任何种子——发出的邀请。接着这儿就会长出接骨木。许多甚至大多数獾窝旁边都有接骨木，这实在是过于凑巧了。实际上，狗獾十分喜爱接骨木的果实。当这种浆果开始腐烂并掉落到地上时，狗獾便能享受一顿微醺大餐。之后它们便摇摇晃晃地走回自己的巢穴，在附近它们精心挖掘的厕所里清爽排泄一番。有了这样充足的肥料，种子发芽了！接着一棵接骨木树就长了出来。据我所知，有些地方的獾窝被接骨木树紧紧环绕。我从来没研究过，但这些不知疲倦、长着条纹脸的杂食动物肯定一直在播种各种果实的种子。

5月14日

电话铃响起。“一只狗獾死在了路上，”一位朋友告诉我，“在大约半英里远的地方。”我要过去查看一下，暗中希望那不是我们本地的狗獾，尽管我的直觉告诉我它一定是。那是一头年轻的雌獾，它的头被轧扁了，眼睛朦胧地睁着，下巴扭曲，伸出来的舌头上沾满脏污。没有明显的血迹，也没有被撕裂的皮肤——狗獾的毛皮相当强韧——这是一种巨大的、具有毁灭性力量的特征。我站起身来，低头看着这个已经没命的动物满是泥土的躯壳。巨型木材运输车满载着圆木在这些峡谷道路上行驶，车轮巨大。这些车辆以每小时 65 英里的速度飞驰而过，狗獾的头骨再硬，也难逃一死。我将这具尸体装进肥料袋，准备把它带回家埋葬。

这是常态了。每天，都有狗獾死在英国各地的公路上。有时是因为司机没来得及看见路边那模糊的身影，或是因为他们根本就没看到它们，沉闷的撞击声响起之后，车辆甚至还继续前行。值得庆幸的是，狗獾的繁殖能力很强，即使目前估测的 50% 的路杀率也只能让它们的总数短暂地减少。然而在英国，几乎每个人看到的死獾都比活的多，这种一反常态的情况始终是严酷的事实。

我检查了它的八个乳头。它还没有生育过。这是一头处女雌獾，可能只有 14 或 15 个月大，正值盛年，并且正在接近生殖期。如果它喂养过幼崽，那么它的乳头将会变长，乳头下可以看到发育成熟的乳腺。它尾巴下面的气味腺将周围的皮毛都染成了姜黄色，闻上去非常刺鼻，而且过于湿润，似乎它在生命最后的条件反射下不由自主地释放了所有的臭液——一种嗅觉上的最后挣扎。可见它生前的状态相当好。

它能如此顺利地度过第一个高地上的冬天，一定是在秋天完成了精力充沛的觅食，在寒冬来临前饱食了水果、坚果、浆果、蛴螬和蚯蚓。近年来，温和的冬季对狗獾来说算得上非常宽厚了，这导致它们的种群规模在英国各地不断扩大。高地上的情况同样如此。40 年前，在我记忆犹新的大雪和严酷的霜冻时期，高地上的狗獾生存得十分艰难。它们的群落规模很小，一窝最多只能产一到两只幼獾，而且常常没有新的幼獾出生。许多狗獾都死在了地下洞穴，因为它们没法在冰冻的地面上觅食，也没有足够的脂肪来抵御寒冷。

而现在气候发生了变化——这对全体物种来说都是如此——狗獾也得益于此。

我们当地有两个繁殖群落：一个在东部半英里处，另一个在西边一英里处的废弃采石场旁边。我们对这两个群落都进行了监测，如今采用的设备是隐形摄像机。这只雌獾几乎可以肯定来自东边的群落，因为那儿距离它死去的地方很近。我将它放进一个洞里，然后把洞盖上。

5月28日：晚上8点半

太阳低垂，在一层薄薄的泛红的云层下闪烁着金属的光泽。距离它消失在山背后还有半个小时。日照时间长达17小时，每天还会再延长4分钟，这就是北纬57°以北的情况。我已经来到了老采石场，想看看能不能看到西边群落的狗獾出洞，这是母獾死后的一种补偿行为，似乎我需要让自己确信它们还好好地在那儿。我靠在一棵令人舒适的树干上。头顶上，一只雄性苍头燕雀正在大声叫唤。

前方，在20码外的陡峭河岸的半坡上，有一堆看起来像是卡车倾倒在这里的沙土，但在山谷南侧这片古老的林地附近并没有任何卡车。天空中，一只乌鸦飞过峡谷，接着又有一只飞向了高处的荒野。它们粗粝的叫声传入树林，让唱到半途的苍头燕雀安静下来。只有欧亚鸲对此满不在乎。在山谷的远处，一辆拖拉机咆哮着停了下来。当它陷入沉默，一只狗反而兴奋地叫了起来。拖拉机的门砰的一声关上，声音短促而尖锐。在河边的小农场上，一头奶牛正在不停地咳嗽，好像有什么东西卡在了喉咙里。接着它停下了。

树影如暴风雨来临前的乌云一般伸展膨胀。蚊蚋跟随只有它们才能听到的旋律翩翩起舞，划出三维立体的椭球空间。空气变得浓稠起来。在我左侧的某个地方，一只欧亚鸲叮叮当当地唱着黄昏的赞美诗，而我头顶上的那只苍头燕雀正站在桦树上尚有光照的地方，隐身于一片新叶背后，最终安静下来。

在我脚边的草地上，一只棕色的蛾子在枝叶间孤独地扑来扑去，看上去一无所获。又过了几分钟，阳光猛烈地照在桦树树干上，银白色的树皮被镀上了铿亮的铜色，树叶闪烁着明晃晃的金色光芒。然后太阳消失了，从西边火烧般的山峦边缘沉了下去。当夕阳的余晖渐渐消散，暮色如阴郁的幽灵一般悄然潜入树林，仿佛有人给天空披上了一层轻薄的天幕；高地人将这样的时刻称为 the gloaming。终于，欧亚鸲在半途停止了它对即将逝去的白昼的悲鸣，似乎它突然意识到自己已经唱得太久、太久。

暮色四合，变得愈发深沉。时间在阴影悄无声息的聚散间停滞了。太阳落山近一个小时之后，山峦那火烧般的边缘现在剩下一片余烬。我等待着，强迫自己保持静止，这是博物学家通过长期实践而形成的自制力。在沙土丘的上方有一个狗獾的洞穴，它的入口是一个黑洞。这是一个古老的群落，对此处狗獾的记载已经有一百多年的历史。没有风，只有飞来飞去的蚊蚋。西边的天空依旧色彩斑斓，透过树林，我可以看到依然闪烁着光线的地平线，就好像有舞台脚灯照亮一般。在这个纬度，太阳倾斜的角度非常钝缓，以至于这里的黄昏要比南边的更加漫长，在高地春季的白天和黑夜之间造就了一片有光的无人之境，非常适合观察狗獾。

我克制住看表的冲动。我还可以看得见土丘，土丘后面的荆豆和金雀花丛呈现压倒性的黑色，将沙土映衬得苍白。我的眼睛和耳朵都在嘲笑我、捉弄我。从几英尺外传来鼩鼱或老鼠发出的窸窣声，让我以为狗獾正在穿越灌木丛接近我。接着我感觉自己看到了什么在动，但实际上什么也没有。我试着闭上双眼，但睡意立刻袭来。我只得强撑着再次睁开眼睛，把注意力放在两只伏翼蝙蝠的身上，它们在我头顶机械般地来回飞动，好像在嘲笑我。有一只飞得离我非常近，以至于我都能听到它膜质双翼颤动的声音。

就在那儿，没有任何信号或响动，一张有着黑白条纹的脸孔突然填满了獾穴那黝黑如炭的圆盘状的入口。黑色的鼻子以画字母 M 的方式在傍晚的空气中上下嗅探，这是对人类这一恐怖因素的一种细致而漫长的检查。整整两分钟之后，这张脸向前移动到了土丘上，这样我就可以看到这只动物的全身，它弓起的灰色身体像斗牛犬一般健壮。它走到一边，开始抓挠。

它又抓又挠。先是用一条后腿，然后用另一条，黑色的爪子挠着它又粗又长的毛。它抓了两侧、肩膀和耳后，然后滚到一边，用它长而弯曲的前爪梳理腹部、侧腹和胸部。它的前爪是后爪的两倍长，这是一种类似于熊掌的配置，特别适合挖掘。狗獾饱受跳蚤之苦，而在地下它们没有太多空间来抓挠。这是一种急匆匆的仪式：先嗅探空气——用几分钟时间确保安全；再移动到土丘的上方——然后开始抓挠。浑身都好好抓一通，然后再多挠一挠。一直挠下去。

第二只狗獾出现了，这只更加光滑，体型更小。它坐着，堵住了獾穴的入口。它看了看四周，也开始抓起来，但力度没那么大。我缓缓举起双筒望远镜，小心控制着我的每一个动作。狗獾的视力很差，在目前这个范围内，我并不担心缓慢的动作会被它们发现。我聚精会神，试着记住面部的花纹，以及它们头部、颈部或耳朵上的任何疤痕。狗獾有打架的习惯，常在脖颈和臀部留下永久的伤疤，耳朵也会被扯破。我注意到第一只狗獾的左侧腹有一块浅色的斑痕——一个不太明显的疤痕，带着些许鲑鱼色的斑点，泛着粉色，有一本书那么大。我没法确定那是什么。是旧伤疤吗？还是新的创口？我想知道这是一直都有的，还是只是因为它躺在潮湿的沙土里而造成的。

我在面前的草地上撒了几粒花生。我知道它们几乎会立即闻到味道。狗獾没法抵抗花生的诱惑。第一只狗獾已经挠完了，它专注地盯着我，但我确信它没法看清 40 英尺外斜倚在一根粗壮的桦树树干上的我——它们的视力很差——但它那直勾勾的眼神却十分具有穿透力，我简直怀疑它能够“感觉到”我的存在。也许被我的气息所污染的分子已逃逸到了土丘上，令它感到不安。也有可能是它嗅到了花生的气味。它[1]——我确信这是一只雌獾——沿着一条常用的小路，若有所图地径直从土丘向我走来。

我正用双筒望远镜观察着；眼中的景象让我想到了潮虫，杂乱的皮毛下摆盖住了它短小的足。它仿佛失重了一样在小路上飘浮，步态庄严，像一艘乘风破浪的船，冲破草地，划破静止的空气。它继续前进，与我的距离已经减半。它找到了第一组花生，我听得到口水从它咀嚼着的下巴流下的湿嗒嗒的声音。现在它距离我只有15英尺，已经不适合用望远镜观察。只要我不出声，我就可以将望远镜放下，同时不用担心它看到我。

第二只狗獾还坐在土丘上，并没有要下来的迹象。它又坐着看了几分钟，接着突然右转消失，执行自己的觅食任务去了。这让我想到我面前的这只雌獾是一只雌性领袖，因为它并不愿意分享花生，也不愿意被打扰。

现在我只身一人，还有一只野生狗獾在距离我不远的地方。我用花生将它引诱到身边，和大多数诱饵一样，这是一种反常的精美食物。它并不在乎我这种奇怪的做法，也没有狼吞虎咽，而是轮流拿起每一颗花生，细细咀嚼。没有风，但我确定它很快就会闻到我的气味。它距离我更近了。我觉得我简直可以伸手去抚摸它，但这种行为既不明智，也不切实际。它那张条纹脸生动而清晰，散发着

1　原文为She。

志在必得的神采。

如果说演化为它设计并配置了一面警告旗，那么当下的景象就再明显不过了——“离我远点，我会咬人！”哪怕在黄昏温柔的光线下，这张脸也用纹章般的图样传递出挑衅的气势。白色皮毛在黑色条纹的衬托下显得十分醒目，小小的眼睛隐没在乌木般深黑的毛色中。它猛地抬起头，不再吃东西，下巴定住了，脸上充满审视的表情。它正盯着我看。我僵住了。我们之间的距离实在太近了。30秒……40秒……这种锐利的审视延续着。它似乎一定会受惊而逃。但它并没有，任何令它警觉的事物都通过了它感官扫描仪的热测试。它继续进食，好像不曾被任何事物困扰。它侧腹的那块奇特的鲑鱼色斑痕清晰可见。

我密切观察着。我不相信它可以看见散落在草地上的花生，因为它正在逐个嗅闻它们。它在一丛丛的草里用鼻子探索，从左到右，平移、扫描，距离我越来越近。接着它转过身去，好像觉得自己错过了一两颗花生，但它什么也没有找到。这种一心一意的系统性搜索只要继续下去，就会完全占据它的注意力。这是动物的一种专注而放松的行为，因为它知道现在没有人类之外的任何捕食者，而且它已经得到了满足；它认为自己已经充分检验了人类的威胁。我在内心暗自微笑——它没有发现我。

而鹿就不会这样觅食，它们深远的记忆告诉它们外面有狼。它们的耳朵不停转动，每隔几秒钟就会猛地抬起头并睁大眼睛，探测风的动静，进行300度或更大范围的扫视。这时的我好奇起来，在18世纪我们消灭野狼之前[1]，狗獾和狼之间的关系是怎样的？在斯堪的纳维亚半岛北部，狼对狗獾的表亲——貂熊——敬而远之。我在心里记下，之后要去查一查。这只狗獾很放松，它继续向前。直到当它几乎接近我的脚边时它才转身离开，但仍然淡定自若。我希望更多地了解这只狗獾。

但是过了一小会儿，它真的离开了，就那样不紧不慢地走了。虽淡然从容，但去意坚决，好像它告诉自己："够了，现在我需要去觅食了。"我又等待了20分钟，想看看是否还有其他狗獾出现。随后我悄悄溜出树林。我并不需要用手电筒照明。难怪高地人对黄昏有自己的说法。地平线的那头仍然亮着，我的眼睛也适应了这样的光线，但一片了无生气的黑暗正缓缓飘过来，微风在桦树间低语。乌云在我的头顶汹涌翻滚，暗示着一会儿就要下雨。现在必须回家了。我小心翼翼地走上返家的路。

6月6日：晚上9点

我又回来了。它左侧腹的那块鲑鱼粉色的斑痕令我十分困扰。

1 狼曾经遍布不列颠群岛，大约在一万年前的最后一个冰河世纪末到达那里，但由于迫害、狩猎和栖息地丧失，英国的野狼已经灭绝。有传说显示，苏格兰最后一头野狼在1743年被杀死。

此前我从来没有在任何死的或活的狗獾身上看到过那样的痕迹。它看起来很健康，行为也正常。我想再看一看，看得更仔细些。狗獾身体侧面的皮毛很是浓密。它由短且柔软的下层绒毛和炭黑色的长针毛组成，针毛尖端呈黑色或白色，融合成一种黎明薄雾般的灰色。我希望那斑痕只是体毛褪色的结果，而不是来自毛皮下的伤口或伤疤。

月圆了。我拿着一只带有红光滤镜的强光手电筒。据说狗獾看不到红外光。天气凉爽。这一天的白天是晴朗的春日，让人想起童年漫长的、令人欢欣雀跃的阳光，那光线如此强烈，以至于哪怕抬头看一眼天空那金属般发亮的热带蓝色，我的眼睛也没法承受它的强光。

雏菊和报春花在愉悦的暖意中绽放出最灿烂的笑容。熊蜂像是被召唤了一样，不知从哪里冒了出来。屋顶石板下的马蜂蜂后从冬眠中苏醒，正犹豫不决地寻找着筑巢地点。很快，它们那精致的纸质“灯笼”就会在马厩的椽子上挂起，这种创造力的奇迹每年都会让我感到惊叹。整个下午，到处都充斥着新生命，新的叶子、新的色彩、新的气味、新的机会，所有这一切都由刻在基因里的本能带来的紧迫感所推动，每一种这样的本能背后都有一段长得令人难以想象的历史。

这样的日子在一声长长的叹息中渐渐远去，令我回想起童年时曾经祈祷永远不要结束的夏日钓鱼之旅。我沿着小路，慢吞吞地走进树林。春日的夜晚在这里守候着，我闻到新长出来的小草的气味，空气中充满了丰饶的气息。太阳那火热的手指已经伸入落叶层和冬季里枯死的野草，仿佛要将它们全部分开。我小心翼翼地走着，避免碰到蓝铃花那饱满的花剑，在新叶封闭林地冠层之前，它们必须尽一切所能地攫取阳光。

我仔细判断了风向，然后选择靠在另一棵桦树上。我本不需要带上手电筒，但如果我待得更久，那么在离开树林时我可能会用上它。我撒下几颗花生，开始等待。没等多久——大概过了不到半个小时，天尚且亮着，它就来了。“好样的。你好，多莉！”我不由自主地发出了声音。它停住了。在接下来几年的时间里，我又见过它十多次，但我再也没有用过其他称呼，而是叫它“多莉”。

观察狗獾是一件会令人痴迷的事情。一旦你了解了这种动物，它们就变成了“你的”狗獾，你很难忍住不去看看它们怎么样了。博物学家、作家兼插画家艾琳·索珀（Eileen Soper）也是一名“终身獾迷”，她曾有句名言：“观察狗獾的人不完全是人。”也许最好的境界是不做人——或至少试着不做人。对艾琳而言，她已经彻底融入了当地的狗獾，幼崽会从她的手中拿走花生，而其他狗獾则会从她的腿上跳过去，并在她的鞋子上留下自己的气味。知名自然摄影师劳里·坎贝尔（Laurie Campbell）晚上坐在办公桌前工作时，会让工作室的大门敞开着，正对花园，这样狗獾就会进来，在他脚边吃东西。我从来没有试图让我们的狗獾对我们习惯到那种程度，但多莉的一只后代——我们称之为“条条”——却对我们相当适应，表现得很放松。它会在大白天出现，平静地从我们身边走过，去吃花园里喂鸟器下撒出来的谷物。

要想成功看到放松状态下的狗獾，你必须坐在下风处。无论你到达观察地点时是否有可以察觉到的微风，你的站位都必须符合这一条件，即起风的时候风是从你所认为狗獾可能出没的地方迎面吹向你，而不是从其他方向吹过去。甚至在抓挠之前，一只新出洞的狗獾也会好好嗅探几分钟的空气。在地面下安睡一整天后，这种小动物需要确认外面没有任何危险。

如果有人或狗靠近獾穴，或以任何方式扰乱巢穴周围的土地，那么狗獾便会转身返回地下，直到危险过去很久后才会再度出洞，有时它们索性就整晚待在洞里不出来。在极少数情况下，我会修除荆豆和金雀花丛，以便更好地观察獾穴——这是一种谨慎的园艺活动。接着我会回避几天，让我的气味彻底消失，而狗獾也会检查这里，并且接受有了些许变化的景观。

在有风的日子里观察狗獾不失为一场赌博，最好等到无风的夜晚再去。风会盘旋，形成涡流，特别是在树林里，那儿的空气在树与树之间编织出一条风的轨迹。这让动物们变得焦躁不安。鹿、野兔和兔子等猎物物种都依靠风给它们传递危险的气味。当风不可预测地打起旋来，焦虑来袭，它们便会变得紧张不安。强风吹过的时候，我经常看到欧洲马鹿冲来冲去，头抬得高高，耳朵转来转去，鼻孔紧绷，还会为了保护群体的安全而一起弹跳。

我没有看到多莉从它的巢穴中走出来。也许它已经出来了，在荆豆和金雀花的花床后面我看不到的地方抓挠着。它悄无声息地出现了，在林中草地上嗅探着。它走得离我很近。我可以在几英尺之外的地方查看它那片鲑鱼粉的斑块。我用带有红光滤镜的手电筒照在它的侧腹上。从各方面看它似乎都是一只健康的雌性领袖。这片不寻常的颜色似乎只是一种变异的、反常的色素，而不是其他什么恶性的东西，但它可以让我即时识别这只狗獾，哪怕距离较远也很有效。

你坐下来，等待着，观察着。光线暗淡下来，你的双眼开始调节，瞳孔放得老大，蚊蚋一直在你身边舞动，直到你最后再也看不见它们。你的全部注意力都集中在面前的这只动物身上。它成了你的一部分，一种身不由己的依恋，越来越吸引你。你失去了控制。你知道你应该把握好自己，但不知怎的你就是做不到——你彻底失去了掌控。它已经占了上风，现在它掌控着整个局面。野性从它的一举一动中流露出来，紧紧将你攫住。你打心眼里知道，如果你走神，那么一个微小的动作都会让它消失，魔法便会如玻璃杯掉落在石头地板上一样摔得粉碎。在那一刹那，坐在那儿的你会感到寒冷、愚蠢而孤独。

多莉停留了 20 分钟。能与真正的野生动物共享短暂的时光，与其说是一项技能，不如说是一种人类存在的特权。这只动物没有被欺骗，它只是没有注意到一个狡猾的捕食者距离自己如此之近，而且密切关注着它的存在和一举一动。也许这就是蹲守芦苇丛中、看着吃草的沼泽鹿越走越近的老虎的感觉，或是像上紧了的发条一样紧绷、死死盯着田鼠不放的伶鼬的感觉？我的想象如风车一般飞转着。也许我在这里做的就是这样的事情：我是不是调动了数百万年来让人类成为隐形杀手的古老捕食基因？我的集体意识是否压倒了杀戮的欲望，并用一种更加温和的意图取而代之，但采用的却是同样的捕食形式？

在与野生动物打交道的漫长职业生涯中，野生动物的行为曾让我一次次地琢磨起演化那令人难以想象的时间进程。狗獾到底是在什么时候演化成为狗獾的？是什么样的自然选择机制将它拽上了演化之路？人类又是什么时候开始捕猎狗獾的？我们知道哺乳动物大约在距今 5 000 万年前出现，鼬科动物大约在距今 1 500 万年前的中新世中晚期出现。而狗獾所在的獾亚科出现得甚至更晚。

演化论的观点的确非常古老。大约 2 350 年前，西方世界最伟大的思想家之一、希腊哲学家亚里士多德认为，自然界各种形式的生命是一个完整而连续的整体，它们构成了一条存在之链（chain of being），从一个最简单的形态开始逐渐完善，最终变得越来越复杂。在自然选择这一爆炸性的观点尚未问世之前，这已经是一种非常接近达尔文主义的概念了。

有不少古老的狩猎传统都认为，猎人的猎物在某种物质和精神层面都与他们自己有关，所有的生命都是相互联系的——北美印第安人的“大神灵”（Great Spirit）也因此而生。萨满教和其他多种形式的巫术或精神赦免被许多文化视为狩猎成功的关键要素。对自己即将杀戮的动物充满崇敬，请求获得它的许可，让它把自己交给你处置，之后你会尽职尽责地感谢它。人们在兽牙和骨头上雕刻神明，以此赞颂他们狩猎的物种。但狗獾既不容易杀死，也没那么可口，因此早期的猎人似乎不太可能打扰它们，直到它们被视为害兽，因为它们吃掉了对人类更具直接价值的食物，例如谷物、猎禽，以及它们的蛋和幼鸟等。由此可见，对狗獾进行广泛迫害的历史并没有那么久远，这种活动在维多利亚狩猎时期达到顶峰，当时狩猎场的看守试图消灭所有威胁他们猎物的东西。

它猛地抬起了头。

它又开始盯着我看了。我可以看到它的鼻孔在扩张和收缩，因为它正在调动所有的感官。我想知道它在用那些超级敏锐的嗅觉感受器分析什么样的分子鸡尾酒。它能判断出半小时前有一辆满载木材的卡车在我们下方的路上颠簸吗？它能探测到柴油尾气中喷出的多环芳香烃吗？它知不知道当天下午有一只边境牧羊犬在河田放羊，而它的主人在一旁抽卷烟？它是否推测到当天一大早一头雌性欧洲马鹿带着两头小鹿轻手轻脚地穿越了此地？或者说它知道峡谷上游半英里处的护林人引发了一场灌木丛火灾，它的烟雾此前已经飘到了我们周围吗？我是否可以相信多莉知道当天下午一英里外的克雷格胡农场的水工贝拉·麦克雷正在煮接骨木花，制作她美味的甘露酒？又或者它根本不在乎上述种种，只是对人类——任何人类——抱有警觉？

我曾在书中得知狗獾的鼻子很特别。它们不仅有数亿个嗅觉受体排列在鼻腔黏膜上，这些受体还延伸到了额窦通道和蝶筛隐窝。这样看来，它们似乎拥有多达五亿个受体！这数量远远超越了它们皮肤上如香槟酒一般嗞嗞作响的毛发。

但感官并不会自己起作用。它们是相互合作的。它们是所有功能融合在一起后的演化结果：嗅觉、视觉、听觉、警觉、预设、预防的本能、久远的记忆，很有可能还有得到锤炼的动物直觉，所有这些功能都处于随时待命的状态。尽管狗獾的耳朵很小——这很可能与它们生活在地下有很大关系——它们的听觉却如燧石一般锋利而敏锐。那么这里到底出了什么事呢？难道是多莉听到我肚子咕咕叫了，或是我没有小心地屏息静气？

除非我有所移动，否则它那双乌黑的小眼睛并不能帮到它，但它结合了听觉和嗅觉的能力却着实令人敬畏。它的这些感官正在进行一项无法估量的分析，筛选着上千个信号，其规模远远超出了我的理解范畴。在如此近的距离——现在只有六英尺远——我无法控制自己刺鼻的气味分子缓缓飘散到傍晚的空气中。我需要一阵微风将它们吹离它，但一丝风都没有。在这样一个时刻，我们都有同样的不祥预感，产生了不安的紧张情绪。它受制于怀疑，无法决定该做什么。而我则像石头一样僵硬。我们都有同样的渴望：它希望得到明确的信息，想要另一种确认的信号，而我则完全不想吓跑它。我们受制于彼此，这种状态延续了很久，就像有人扔掉了解锁的钥匙一样。

我想看一眼手表，但却不敢。在这样的时刻，时间是有弹性的，常令我困惑到底过了两分钟，五分钟，还是七分钟？我并不清楚。我开始在脑海中数秒，接着就数乱了。只有它的鼻孔还在抽搐。它一动不动，前足立得稳稳的，头抬着，明晰的脸部条纹如雨后的斑马线一样整洁明亮。那些条纹之下又在进行着什么呢？一只狗獾会想些什么呢？或者它只是做出了这样的反应而已？

这是一种没有天敌的动物——当然是在英国。因此它所有的恐惧都集中在了我们人类身上。据我所知，在我待在此地的40多年里，没有人打扰过这片栖息地，所以已经有好几代狗獾在这些树林里生活过，而且不曾受到干扰。那么它为什么会如此警惕呢？它有什么好害怕的，以至于做出这样的反应呢？关于高地峡谷狗獾的历史，我还有什么盲点吗？在我所在的时代之前，难道它们已经被迫害了好几个世纪吗？我们知道过去时常会有人下套捕捉它们，用它们面部的条纹皮毛制作苏格兰裙的毛皮袋。现如今，我们本地的毛皮袋制造商依然使用狗獾的皮毛，但取材来自遭遇路杀的狗獾。天知道这样的狗獾怎么会有那么多。但由于少有狗獾能在撞车后幸存下来，因此活着的狗獾没法知道人类正在驾驶可怕的杀獾机器。在我看来，动物的本能需要数千年的时间才能有所发展和演变。

无论它最后做了什么决定，我都无从得知。渐渐地，它开始转身返回。它不慌不忙，还在草丛里寻找遗漏的花生，那毛茸茸的背部遮住了脑袋，一直到它重新没入荆豆和金雀花丛之前都是如此。我又一动不动地坐了几分钟。当我离开树林时，寂静如波浪一般在我身边蔓延开来，这是心满意足的平静和胜利的浪潮。

6月11日：凌晨2点17分

“那到底是什么？”露西在我身边笔直地坐了起来。狗在楼下厨房里狂吠，我挣扎着从床上爬起来。接着它又来了，第二声长长的、痛苦的尖叫划破夜空，恐怖像噩梦一样在短暂的夏日黑夜中挥之不去。我床边的那扇窗户永远敞开着，无论寒冬酷暑，这是我毕生的需要：在我睡觉时，我的大脑至少要有一个字节能与野性相连。

那声音变得更加短促，距离也更近了，它再次引发了一种恐慌性的痛苦，就像你从一个被多只胡蜂蜇伤的六岁孩子身上看到的那样。一声尖叫，里面既有恐惧也有痛苦，像碎玻璃一般锐利，打破了夏夜凉爽的宁静。这一次，我想我认识始作俑者。我及时跳到了窗前。

在高地，六月从来都没有真正的黑夜。一片柠檬色的月光照在树木上，投下若隐若现的黑影，空气如地窖一般寂静而干爽。从西北延伸到东北的一道银色边缘告诉我们，苟延残喘的一天已经过去，一个小时之后，黎明将缓缓到来。我的眼睛渐渐适应了一片宽阔的草坪，在那里，月光恰好把草坪渲染成暗淡的金属色。我可以看到物体的形状，两个模糊的身形显然是连接在一起的。这两个黑影在此起彼伏的可怕吼叫和尖叫声中翻腾着、扭动着。露西也来到窗边，低声问道："发生什么了？"那尖叫声相当刺耳，以至于我几乎听不到她的声音；那些声音在房子里回荡，将我们吸入尖锐如刀的尖音旋涡之中。不了解情况的人可能会认为一场卑劣的暴行正在我们眼前上演。那喊叫声听上去是可怜的、绝望的，延绵不绝。"是两只狗獾，"我小声说，"我能认出它们。"

这是一场狗獾之间的冲撞，是狗獾的搏斗，狗獾的混战，这场对抗变得激烈、愤怒和凶残起来。也许是来自不同亲族的一只更年轻、更小的雄獾无意中闯入了一只老雄獾的领地。这些年来，我们都知道此地有两个相距一英里的本土狗獾群落，而我们的野外中心恰好位于它们之间。每年，青年期的雄獾都会被赶出这两个地方，被驱逐出它们的出生地，它们不得不四处游荡，寻找新的家园。也许这头年轻的雄獾误入此地，迷了路，因而并不知道发生了什么，也不警惕。它是不是跨越了用气味标记的无形边界，进入了敌人的领地，恰好落入敌人的手中——在错误的时间、错误的地点遇到错误的对象？也许它绕过灌木丛就发现自己迎头遇上了一只体型比它大得多，也更加强壮的雄獾，而且完全不会接纳它。

当这个年轻的小伙子转身逃跑时，那头大雄獾一定是冲过来准备攻击它了。它用尖锐的犬齿狠狠地咬住这只年轻雄獾尾巴正上方的臀部。它咬得很深，而且没有松口——狗獾因它们颌骨强大的力量和咬合力而闻名，这部分肌肉牢牢地固定在头骨顶部高高的矢状嵴上，而下颌则始终连接在头骨之上。年轻的雄獾奋力挣脱，想要逃跑，但却逃脱不得。它尖叫起来。这就是让我俩从睡梦中惊醒的那第一声揪心的、刺耳的尖叫。接着它们一起从灌木丛下摇摇晃晃地走了出来，从鼻子到臀部的地方都紧紧地锁在一起，年轻的那只还在痛苦地尖叫，就在那片开阔的草坪上。

我只能看到那只小一点的狗獾不停地打着转，试图反击，但它做不到。它们不停地盘旋，尖叫声也随之旋转起来，凶残的声音旋涡在攻击者的牙齿间回荡，激起更强烈的愤怒之情。那是狗獾的刺耳尖叫，是鼬科动物在残暴、害怕和痛苦的状态下发出的令人恐惧的声音。我们只能看到模糊的身形，但声景可以告诉我们到底发生了什么。这场狗獾的冲突在我们面前持续了整整 12 分钟，变得越来越惨烈。最后，这只年轻的狗獾血流不止，疲惫不堪，挣脱了出来。三秒钟后，两只动物都消失了。

我们又等了几分钟，想看看这场争斗是否会在远一点的地方继续——但什么也没发生。夜晚的静谧再度降临，如露水一般笼罩在草地上，月亮仿佛有些尴尬，悄悄地躲在了破碎的银色云层背后。我们回到床上，被这场野蛮的争斗吓得上气不接下气。

在清晨六点阳光的照射下，我和狗一起出发，寻找昨晚的痕迹。两条杰克罗素梗很快闻到了气味，在草地上来回奔波，跑出了疯狂的圈子。有些地方的草皮上有爪子留下的抓痕，我发现了一块公交车票大小的兽皮，上面还附着黑色的血块和一簇毛发。那只年轻的雄獾最终逃脱了。狗獾的毛皮相当坚韧，因此我本能地感到，如果能找到这只受伤的动物，它的状况可能非常糟糕。

我打电话给野外中心的同事、我们的博物学家向导艾丽西亚，她很快加入了我的行动。“它走不了很远，”我告诉她，“它一定筋疲力尽了。”我们翻找着异常繁茂的杜鹃花灌木丛，在杜鹃花下面苦苦找寻，最后钻进了新长出来的荨麻和悬钩子荆棘中。狗锁定气味，歇斯底里地吠叫起来。经过十分钟的搜寻，狗最终将目标锁定在马厩墙边堆放的一摞生锈的旧波浪铁皮屋顶板上。艾丽西亚赶忙跑去拿诱捕笼。

我们小心翼翼地揭开那些屋顶板。它就在那儿——那只小小的雄獾，蜷缩着、颤抖着，像一团灰色的拖把头。我们看不见它的脑袋，它将头紧紧地塞进它能找到的最黑暗的角落里。它遭遇了严重的殴打，这是狗獾风格的劫掠。它的伤口已经感染，看上去发红肿痛，被血浸染的毛发缠绕在一起。脖子和臀部都遭遇了猛烈的攻击，一只耳朵严重撕裂。毛皮上血迹斑斑，凌乱不堪——现在它整个一团糟。它没有试图反抗我们，哄它进笼子并非难事。

这里是弗雷泽（Fraser）王国，他们曾是高地上的一个氏族，几百年来，他们自己也打过许多场血腥的战争。[1] “Ifrinn an Diabhuil! A Dhia, thoir cobhair！”（地狱的魔鬼！上帝保佑我们！）这是他们的盖尔语战争口号。于是我们给它起名叫弗雷泽。我们将这只小狗獾在马厩里养了两周。我们给它治疗了伤口，它整天躲在一个高高的稻草堆下面，只在夜晚出来吃我们提供的富含蛋白质和碳水化合物的食物。它非常干净，特意在最远的角落排泄，而且总是在同一个地方。它恢复得很快。

在弗雷泽康复期间，我们在树林的一片斜坡上建造了一个人造獾窝，在那儿我们从来没有见过任何狗獾活动的迹象，希望这个地方属于无獾区，远离狗獾日常巡逻的地方。在斜坡往下十英尺处，我们在距离地面四英尺的地下设置了三个木制的、装满稻草的箱式巢室，它们由 12 英寸的塑料排水管道相连接，通往山坡下两个相距 15 码的入口。

弗雷泽身体康复之后，我们立即用一块大石头堵住了其中一个入口，然后把它放进另一个，接着也堵住了那个入口。每天我们都会在大石块后面放上新鲜的食物。这些食物每天都会消失。一个星期后，我们没有把大石块放回去，但继续在敞开的入口处放置食物。每天早上，这些食物都会消失不见。接下来我们移走了第二个入口

1 弗雷泽氏族是一个拥有 700 年历史的盖尔高地氏族，中心位于因弗内斯以西 12 英里的小镇比尤利。这个氏族在历史上一直主导着当地的政治，苏格兰的每一场重大军事冲突几乎都有他们的参与。

处的大石块，并设置了隐形摄像机来记录发生的事情。

狗獾爱好者告诉我们，我们几乎不可能将弗雷泽留在那儿。人造栖息地往往需要数年时间才能被野生狗獾接受和占据。但他们错了。弗雷泽留了下来。每个黄昏它都会出洞觅食，并在黎明到来前回家，舒舒服服地待在稻草床上。我们继续给它提供食物，艾丽西亚每周还会给它提供新鲜、芳香的干草。狗獾喜欢定期彻底清扫它们的巢穴。我们的摄像机拍到它将发臭的稻草踢出来，然后滑稽地拖着脚往后退，下巴下面还整整齐齐地掖着一捆新鲜的干草。它转身进洞，再把干草拖入地下。它找到了一个安全的庇护所，并将它变成了自己的家园。

4月16日：一年后

在一个阳光明媚、鸟儿欢唱的春日清晨，艾丽西亚和我一起去查看摄像机。我们知道弗雷泽还住在这里，但我们希望发育成熟的它能吸引到一个配偶。令我们大为惊喜的是，我们发现它确实已经找到了同伴，但并不是我们所希望的。一只狐狸住了进来，占据了其他几个巢室，弗雷泽只从其中一个入口进出，而狐狸使用另一个。很难想象它俩是一对友邻，但显然它们对彼此都很宽容。那只狐狸——我们认为是一只年轻的雄狐——整个春天一直都住在那儿。

7月24日：同一年

一天早上，艾丽西亚过来告诉我，弗雷泽最后找到了狗獾伴侣——高地人称之为bidey-in，也就是情妇或单身交际花。摄像机拍到一只细长的雌獾在入口附近徘徊，然后偷偷溜了进去。后来它再度现身，在清晨的大太阳下用力抓挠，然后又消失在地下。几分钟后，弗雷泽结束晚间觅食活动后回来，从同一个洞口消失。我们开始有了信心，也许有一天我们的人造獾穴中会诞生新的幼崽。

4月22日：又过了一年

是的，我们有了幼崽，但它们不是弗雷泽的，也并非来自人造獾穴。是多莉把它们带到了采石场这边。我建造了一个木质观察站，这是一个有固定窗户和软垫座椅的坚固棚屋，有了它，我们就可以舒舒服服地观察，这与靠在树上完全不同——我们再也不用像夏天的时候那样，让可恶的蚊子叮咬我们每一寸裸露的皮肤。

在这个观测点，我们可以轻声交谈，同时享受一壶热茶，甚至一杯红酒。我们可以伸伸懒腰，打打哈欠，全然不用担心自己的气味飘散到狗獾那儿。这意味着六七个人可以坐在一起近距离观察野生动物，而在外头这基本上不可能实现。而且当你独自一人的时候，你也很难保持静止，有时我会试着只与一位同伴前去，但我们很快就被发现了。这个观察站立即大获成功。不久我们就发现了狐狸、松貂、欧洲野兔和狍子。刺猬蹑手蹑脚地经过此处，西灰林鸮和西仓鸮则定期前来，在附近栖息。

当天晚上出现了三只幼崽。它们最近才来到地面，一定是在二月初出生的。这些一点点大的小动物毛茸茸的，身披银色和锡灰色相间的皮毛，喧哗吵闹，一点儿都不谨慎。它们蹦蹦跳跳地跑过来，狂奔、翻滚、上蹿下跳。它们蹦跶着，绕着圈儿追逐彼此，无忧无虑。一分钟后，多莉镇静地到来了，脸上明显挂着一副忍耐的表情。它们扑向它，用头抵撞它，爬到它的身上，个个都充满了那抑制不住和无所顾忌的青春活力。接下来的几周里，我们可以看到它们的成长与学习。成年后与生俱来的冷静渐渐取代了它们好玩的脾性。碧雅翠丝・波特（Beatrix Potter）对獾汤美（Tommy Brock）[1]的描绘一定来自对博物相当详尽的认识，这些知识必须通过野外的第一手经验才能收集到。她知道成年狗獾的脾气相当暴躁易怒。

几年前，邻近的一个农民为捉一只狐狸而设下了笼子陷阱，因为他认定攻击他的羊羔的就是这只狐狸。当时夜里的雨下得很大，暴雨持续了两天，导致设置陷阱的田地一角被淹。我恰巧路过此地，发现陷阱里有动静。一只大雄獾的下巴快被水淹没，它已经困在那

1 碧雅翠丝・波特（1866—1943），英国童书作家与插画家，著有《彼得兔的故事》（*The Tale of Peter Rabbit*）等系列作品，獾汤美是其中的一名臭名昭著的主人公。

里几个小时了。毫不奇怪的是，它相当生气，不停地对着铁网和我咆哮。我将笼子拿到干燥的地面上，把它放了出来。它一面拖着脚步离开，一面愤怒地向我大吼，整个身体像落水狗般颤抖着。最后它穿过田地，再也没有回头。指望野生动物对你说“谢谢”可不是什么明智的想法。

在后面的几个星期里，我又多次看到多莉的幼崽。我看着它们成长，后来的四年多时间里，它又不断地将自己的幼崽带到这个观察站来，我也因此得以目睹幼崽那轻快的活力一周周地逐渐消失，被更加沉稳和内敛的觅食行为所替代。随着它们逐渐断奶，它们也从玩乐的童年走向了自己觅食的阶段。

多莉已经死了很久。从它第一次出现到某年春天它不再出现，我连续观察了它六年。它很可能活到了八岁或九岁——对于一只野生动物来说，这是个很了不起的岁数——只有老天知道它在峡谷的公路上到底有多少次逃过了鬼门关。随着年岁的增长，它每年秋天囤积足够的棕色脂肪过冬的能力将逐渐下降。我怀疑它是在地下深处的沉睡中，在大多数高地冬天都会经历的令人毛骨悚然的霜冻期间去世的。那样的霜冻通常会持续两到三周之久，在闪闪星夜，刺骨的冷空气涌向峡谷间的山川和池塘。河流因霜冻而冻结，湖面结的冰可以有八英尺那么厚。

它早就长成了一只智慧的老獾，做了许多事情，养育了 15 到 20 只幼崽，其中许多都不可避免地先于它死去。但我相信多莉的基因依然与我们相伴，在我们这儿的两个种群的许许多多代狗獾身上表现出来。我们何其有幸，能与这样的野生动物共享同一个时空。也许有一天，那块鲑鱼粉色的斑痕也会出现在我们的观察站。

第四章

松 貂

雪地上有血迹
花楸果实的汁液
在它的围嘴上，点点滴滴
松貂像人一样，在此地站了一会儿

——《松貂》（“The Pine Marten”）
戴维·惠特利（1970—　）

欧洲松貂（以下简称松貂）属于食肉目、鼬科、貂亚科（Guloninae）、貂属（*Martes*）。全世界共有七种貂[1]，都来自貂属。DNA研究显示，貂出现于距今约700万年的中新世。英国的松貂拉丁名为*Martes martes*，在中世纪英语中称mearth或martryn，在盎格鲁法语中称martrine和martre，在古挪威语中叫作mörðr，在芬兰语中则称为nokia。人们通常用古老的苏格兰语名字martin-cat（貂猫）来称呼它们，而松貂（pine martin）这个名字多少会令人误解。虽然它们的确生活在松树林中，但它们同样广泛分布于高地和低地林地，以

1 根据当前的分类，貂属在全世界共有8个物种，分别是石貂（*Martes foina*）、松貂（*M. martes*）、紫貂（*M. zibellina*）、日本貂（*M. melampus*）、美洲貂（*M. americana*）、黄喉貂（*M. flavigula*）、格氏貂（*M. gwatkinsii*）和渔貂（*M. pennanti*）。

及灌丛栖息地。过去它们在英国各地都有分布，但在高地的偏远地区曾一度遭到迫害，只剩下最后一支。直到20世纪末，大面积的密植造林意外地提供了庇护之所，它们的数量才得以恢复。现在松貂广泛分布于欧洲各地。

松貂是一种体形纤长，极其敏捷，身披巧克力色毛发，外形与猫相似的哺乳动物。成年松貂重1～2千克，体长（连同流滑的长尾巴在内）51～54厘米，其标志性的特征在于它的下巴与前足之间有一块奶油杏色的毛围嘴。这块围嘴上通常还有一两个巧克力色的斑点或条纹。雄性松貂通常比雌性稍大一些，体形略为粗壮。它们的毛皮柔滑如丝，与它们的鼬科表亲水貂的毛皮并无二致，过去人们总是为了这种皮毛而在松貂出没的地方下套捕捉它们。

雄性松貂被称作雄貂（dogs），雌性松貂被称作雌貂（bitches），年幼的松貂被称作幼貂（kits）。它们的耳朵又短又圆，外缘颜色浅淡，眼睛漆黑而明亮。它们视力超群，听力十分敏锐，同时嗅觉也非常发达。它们是技巧高超的攀爬者，拥有尖锐的、可以半伸缩的爪子，这使得它们的爬树能力与松鼠比起来不相上下。它们通常在夜间行动，于黄昏时出没，在黑暗中广泛觅食，当然我们在大白天也常常能看到它们出现。

松貂的栖息地通常分布在海平面和高山之间的本土林地、灌木丛与岩石遍布之所，不过它们也常常出现在花园、农场和建筑周围。如果没有遭遇人类的伤害，它们其实很容易适应人类的存在。与其他鼬科物种一样，它们也非常警觉，充满好奇心。

松貂很有领地意识，它们会发出高亢的尖叫声和猫一样的哭嚎，通过激烈而大声的对抗将前来抢劫的同类驱逐出相邻的领地。幼貂刚出巢时会不停地细细尖叫。它们有的独立生活，有的在抚养幼崽期间也会以小家庭为单位生活。它们将巢安在中空的树干、岩石的缝隙、旧建筑物的屋顶和地板下，甚至废弃的乌鸦窝里。和所有鼬科动物一样，它们的尾巴下方也有一个气味腺，它们会定期而频繁地上下摆动身体，将气味散播到自己的领地上。领地的大小取决于食物的供应，从几公顷到大片森林都有可能。

松貂具有肉食性的齿系，犬齿清晰，下颌有力，但它们的食性很杂，喜欢吃谷物、水果、坚果，以及甲虫、蛴螬和其他昆虫。它们是贪婪的捕食者，大鼠、田鼠、小鼠、松鼠、筑巢育雏的鸟类和它们的蛋、幼兔及两栖动物等都是它们的猎物。严冬时节，它们也会吃腐肉。如果松貂进入鸡舍，那么它可以一举杀死所有的鸡。它们也会吃鸟食平台上的几乎一切食物，从苹果派到面包和果酱，蜂蜜或咖喱饭，其中花生是它们的最爱。整个冬季它们都非常活跃，而且从不冬眠。

和狗獾一样，松貂也具有延迟着床的特点，这种遗传适应性使得受精卵可以留存在输卵管中，直到雌貂达到足够好的状态，这时胚囊才会嵌入子宫壁并开始发育。这使得松貂可以在一年中的任何月份进行交配，但通常是在初夏，经过七周的妊娠期后，幼貂一般在一月出生。刚出生的两到四只幼貂通体粉红，眼睛闭着，它们要在巢穴里待上六周左右。刚出巢时，它们还站不稳，需要完全依赖自己的母亲——它们通常要和母亲一起待上六个月的时间。幼貂有的非常贪玩，它们总是蹿来跳去，在彼此身上翻来滚去。

现在，它们几乎没有人类之外的任何天敌。不过在过去，粗心的幼貂可能会被狼、猞猁、棕熊、貂熊、狐狸、狗獾，甚至老鹰叼走。如今，它们最大的威胁则来自人类的直接迫害与路杀。

虽然是受保护的物种，但它们一直广泛受到狩猎场看守的迫害，因为它们会捕杀雉鸡和山鹑[1]。主要伤害手段包括诱捕和射杀，而非法的毒杀也时有发生。在18世纪和19世纪，人们为了获取松貂的皮毛而对它们实施无情的捕杀，并将它们视为狩猎场上的害兽，这种做法一直延续到20世纪，并将松貂推向了灭绝的边缘。它们最后的栖息地在苏格兰高地偏远的峡谷之间。

第二次世界大战之后，商业性林业在整个高地地区大举扩张，深耕整地的行动破开泥炭土层，开凿出营养丰富的土沟，使得大量多汁的杂草滋生蔓延。这一全新的食物大爆发导致田鼠和小林姬鼠的数量激增，进而令红隼、白尾鹞、西仓鸮和短耳鸮等鸟类，以及

1 原文为 pheasant 和 partridge，同属雉科。pheasant：就捕猎对象而言，这里指的应是环颈雉。partridge：对欧洲大陆来说，这个词指的是包括灰山鹑和红脚石鸡在内的一些雉科下的鸟类，分别属于不同的属，其中后者在18世纪作为捕猎对象被引进英国。为了便于阅读，这里将这两个对象译作雉鸡和山鹑。

松貂和野猫等物种受益。然而，当种植园的树木扎根成林，针叶树的树冠遮天蔽日之时，其下的野草和其他地面植被层植物便消失殆尽，田鼠和小林姬鼠随之消失。鸟儿再也捕捉不到食物，渐次离开了这里。但由于这种林业种植非常广泛地遍布于每片峡谷和广阔的荒野，松貂因而得以卷土重来，继续将黑暗的森林作为自己的庇护所。现在，苏格兰几乎每个郡都有松貂的踪迹，而由于人类的重新引进行为，英格兰和威尔士的部分地区也有了松貂的分布。

☆　☆　☆

20 世纪 60 年代末，我搬到高地定居，那时候松貂还非常罕见，是英国最稀有的哺乳动物之一。我对看到松貂并没有抱太大希望。而当我真正看到时，我便入迷了。

现在，这只是久远的记忆，但依然历历在目。那最初的一瞥，仿佛令人豁然看清现实，认识到这种生物依然存在。那一刻已镌刻在我的生命中。这么多年之后，我还是可以带你去到我在萨瑟兰的一座偏僻峡谷目击它的确切地点。那一刻是如此激动人心，令人难以忘怀，即使这么多年过去了，我依然可以告诉你那是什么时候——哪一年、哪个月、哪一天，甚至几点钟。我想大言不惭地表示，是那一刻让我瞬间形成了某种意识，或是理解、热爱、迷恋，抑或其他什么。但我不可以，那样我就是在撒谎了。因为事实并非如此。在那个时刻，我满脑子都是不解，甚至怀疑——可能是……吗？那是一只……吗？难道我刚才真的看到了……还是我在欺骗自己？也许那只是一只猫罢了。

当时，它们还相当稀有，甚至比野猫还少见，罕见程度与鹗相当——后者是一种现在倍受爱护的奶油白与摩卡棕色的捕鱼鹰，它们曾经因为胆敢吞食鲑鱼和鳟鱼而被狩猎场看守逼到了灭绝的边缘，差一点成为传说。这就是过去的情况，人们专门针对任何猛禽和食肉动物进行冷酷无情的残害，而且这种暴行几乎从未遭到质疑。没有人在乎这些。他们对松貂亦是如此。几个世纪以来，苏格兰高地居民为了松貂那水貂般光亮的皮毛而长期猎杀它们，维多利亚时代的贵族将苏格兰高地改造成鲑鱼、雷鸟[1]和欧洲马鹿的专属保护区，他们聘请狩猎场看守，让这些全副武装、过度狂热的“军阀”在他们宽广的高地庄园上行巡逻和恐吓之事，所有的食肉动物都被处理了。松貂被诱捕、毒杀、射杀、追猎，唯一的目的就是彻底消灭它们。这就是它们为何变得如此稀少的原因。它们只能靠着自己残缺的身躯勉强生存下来，而且要躲在最偏僻的山野之间。

因此我不敢相信自己的所见也不足为奇了，我无法确信自己看到了真的松貂。但事实如此。一个毛茸茸的身影飞快地穿越暮色，

1　作为一种狩猎对象，这里的 grouse 有两种：一是 red grouse，雷鸟属柳雷鸟的一个亚种；二是 black grouse，黑琴鸡。前者被称为猎禽之王（king of gamebirds）。参考文中提出的时代，这里的 grouse 应该更多指的是 red grouse，即柳雷鸟。

跑上光秃秃的峡谷间的一条小路。然后就什么都没了。它消失在一片无穷无尽、密不透风的荆豆丛中。我停下车，退了回去，等待着，然后走出车门，向前跑，向后跑，希望它再度出现。什么都没有。它走了。但我打心眼里知道，我看到了英国最罕见的哺乳动物：*Martes martes*，松貂。这一秒钟的照面让它从朦胧的书面描述中走了出来。它不再是纸面上的一个名字，或是书中的一张模糊的照片，不再像纪念品商店里的明信片那样遥不可及，漠然冷淡。我亲眼看到了它。它是活生生的、灵动的，就在那一眨眼的瞬间，我已经领会了它的敏捷、轻盈，那是伯恩维尔（Bournville）[1]一般的存在。

那就是当时的情况。回到20世纪60年代，当时的高地还是一片饱受大风侵袭的空旷边疆。许多人都逃离了那儿，去新大陆或城市找工作，他们如风吹落叶般纷纷离开峡谷，把自己巴掌大的田地和摇摇欲坠的农舍留给了羊群和乌鸦。而只要你给大自然留下一星半点的机会，野性总会卷土重来，填补空缺的位置，肩负起生态学家所说的“演替”（succession）重任。土地和山丘回归了过去的舒适状态，属于它们的花草树木和灌木丛回来了，虫子和蜜蜂也回来了，而地下也自有它的秘密安排。在被半饥半饱的高地人掠夺成为不毛之地数百年之后，山丘和峡谷再度变得生机勃勃。

---

1 伯恩维尔位于英国伯明翰，是著名巧克力品牌吉百利（Cadbury）的发源地，那里被设计为一个“花园”村，被认为是英国最理想的居住地之一。

接着商业林场开进了这里，为了种植巨云杉[1]，他们给整片山谷围上栅栏，对荒原进行深翻耕。这种做法变成了一种狂热，仿佛瘟疫，将整个地貌变成了玉米地一般整齐划一的针叶林。然而因祸得福的是，这些难看的深沟打破了泥炭土层和铁质土层，实现了土壤的周转，让杂草和其他富含营养的草儿得以迅速生长，促进了小型哺乳动物数量的短暂激增，进而为松貂和其他食肉动物提供了现成的食物储备，所有这些动物都曾享受过短暂的食物过剩阶段。而当年轻的针叶树生长到灌木丛阶段时，它们在无意间也为松貂提供了一个愈发阴暗的庇护所。

十年时间悄然流过，幽暗的巨云杉庇护所之下的松貂种群不断扩大，它们的数量多得数不清，这种变化不为人所见，但势不可挡。这场几百年来给高地带去最广泛影响的一次土地利用转型意外地让这个物种从灭绝的边缘重新发展起来。随着针叶林树冠的闭合，阳光被阻断，野草和田鼠渐次消亡，杂食性的松貂不得不前往更广阔的人类聚居区觅食，但它们依然可以利用黑暗的树林作为繁殖巢穴和庇护所。

就在那些年里，我们在斯特拉思格拉斯建立了艾加斯野外研究中心。当时我们还不知道，松貂种群的美好复兴就发生在我们的家门口，就在我们自己的树林里，以及峡谷上下其他人家的树林和种

1　巨云杉（*Picea sitchensis*）：原产于美洲大陆，并非欧洲原生树种。

植园里。最后在 20 世纪 80 年代，一只雌貂在艾加斯山间小屋旁的废弃棚屋里产下了幼崽——这是我们在自家地面上发现的第一窝幼貂。那个夏天，四只可爱的幼貂给我们带来了欢乐，它们在喂鸟器上蹦来跳去，令我们的访客大饱眼福。事实证明，这是长期而成功的共生关系（symbiosis）[1] 的开端，这些松貂欣然接受了我们的保护，而我们的访客也一年比一年多，因为我们这儿成了苏格兰地区少数几个百分百能看到松貂的地方。我们建造了一个观察站。时至今日，每年都有数百人来到艾加斯近距离邂逅这群特别的哺乳动物。

说我们对它们见怪不怪可不正确，因为松貂令人百看不厌。这些年来，我所认识的松貂个体早已数不清，它们大概有几十只，但从来没让我感到过乏味。晚上，我们可以从有泛光灯照明的观察站里观察它们，在园区里我们也时不时地与它们打照面。但我们永远不知道下一次会在哪里看到它们。它们可能会出现在马厩或谷仓里，可能会在客房外的阳台栏杆上跳跃，也可能会在大清早盯上母鸡群，或是在大白天里从屋顶上轻快地跑过。我们不会对此大惊小怪，我们与它们分享自己的生活，而它们也为我们的野外中心增添了一抹光彩与活力。

1　共生关系：不同种生物个体间的一种比较紧密的相互关系，通常可增加一方或双方的适合度。

9月8日

我和邓肯一起砍断了一棵被大风摧毁的云杉，我们把它劈成木柴，堆放在我们名为“黑市圣水”（Illicit Still）[1]的湖岸小屋的后面。为我和孩子们一起建造的小木屋准备燃料是冬天到来前的一项重要工作，那时他们还是一群十岁出头的野孩子，总是喜欢在假期做一些有趣的事情。这座小屋建在水边，是渔夫的藏身处，里面有几张双层床和一张桌子，一盏石蜡灯和一个生锈的油桶炉。

现在，我的孩子们都已步入中年，也有了自己的孩子。但每当他们回家时，他们都会直奔“圣水屋”。我常去那儿写作，被无数快乐的回忆所环绕。我们这只伐木工人的炉子由一个 40 加仑[2]的油桶制成，是的，这个容量十分贪婪——狮子大开口一般——但它能发出大量的热。在阴沉的冬日，湖面结冰，寒风夹着雨雪打在窗户上，这时我们需要一大堆干燥的云杉木材来为小屋取暖。切割、劈材和堆放木材是一项有益身心健康的工作。其间木材散发出强烈的树液气息，白色的木头触感清爽，鳞片状的树皮间仿佛回荡着人类悠久历史的声响。炉火温暖，给人慰藉。

圣水屋距离我们伐木的树林只有几码之遥。任务完成得很棒，

---

1 19 世纪 20 年代之前，因为高额的征税，苏格兰地区盛行私酿威士忌，产生了大量在黑市上流通的威士忌，这些私酿酒厂被称为 illicit still。

2 按英制加仑换算约为 181.84 升。——编注

我们都很高兴，于是愉快地交谈起来。但当我们出现在阳光下时，有人或其他什么东西冲着我们大叫。那是一种尖细、愤怒、猫叫似的声音。它打断了我们。我们安静地站着，四下看去。接着那声音又来了，听上去怒气冲冲，而且距离我们非常近。

和大多数鼬科动物一样，松貂好奇且大胆。它们是出色的攀爬者，是空中飞人一样的杂技演员，也是无可救药的机会主义者。它们在我们的小鸟餐桌上偷吃果酱三明治——我们把这些食物拿出来，就是为了一睹它们敏捷的身手、光亮的深巧克力色毛皮和奶油橙色围嘴、飘逸的尾巴，还有那张长着一双黑亮眼睛的聪明小脸，看到这些实在太令人欢喜。但这种吃三明治的小家伙也是食肉动物。露西每晚都要把鸡、珍珠鸡和鸭子赶回窝去，当她偶尔忘记关上鸡舍入口时，如果松貂闯入，可以想见它会带来怎样彻底的破坏——血肉横飞，鸡鸭全都死了或遭到致命的打击。在黎明的寒光之下，这样的场景看上去简直就是一场中世纪战场上的大屠杀。

这只松貂对我们的闯入很不高兴。尖叫一声接着一声，好像在说："走开！现在就走！"在艾加斯，松貂经常能看到我们在做日常工作，在没有任何威胁的情况下，它们已经习惯了人类的活动。这种熟悉感有时会表现为对我们的蔑视，而且它们对此从不掩饰。

它在一棵20英尺高的树上，距离一旁斑尾林鸽的鸟巢只有一两英尺远。亲鸟早就急忙飞走，只剩两只胖胖的、半大不小的雏鸟待在巢里，它们呆愣着，完全不知道防备。我们来得正是时候。我们站在原地不走，它的怒火越烧越烈，恶声恶气的叫声好似一通连绵不绝的咒骂和诅咒。

它抓住第一只雏鸟吃了起来。我们可以听到软骨的脆响，还有它咀嚼新鲜生肉时口水涟涟的声音。雏鸟软软的红爪子一只接一只地掉在铺满针叶的地面上。接着它抓起第二只，用牙齿死死咬住它，同时傲慢地瞪了我们一阵子，接着向上爬去，消失在树林间。只有它的爪子在树皮上抓得哗哗作响的声音尚能透露它的踪迹。一缕卷曲的尾巴毛和一片树皮落在地面，一同掉下来的，还有一只鸟巢。

4 月 3 日：早上 5 点 37 分——黎明

野外中心的一名年轻护林员夏洛特告诉我，她认为在湖后面的树林里有个松貂的巢穴。方便起见，也为了不吵醒其他人，我在圣水屋过了一夜。当第一缕曙光照耀大地时，我就出发去看个究竟了。

松貂的巢穴并不总是那么容易找到。如果建在建筑物中，那么来来往往的松貂通常会暴露自己；如果是建在森林或桦树林中的天然巢穴——也许在树洞里、岩石间或树根下——那么就更难找到了。怀孕的雌貂行踪隐秘：它们会在分娩前几日就躲藏起来。而雄貂并不参与其中。它早就完成了自己的任务，从不靠近巢穴。一旦进入巢穴，雌貂就会在干燥、舒适的洞里蜷缩起来，让身体贴近地面，然后很快睡着，等待分娩的时机。你可能已经从这个巢穴旁经过了数百次，但从来都不知道它就在这里。

住在西海岸阿德纳默亨半岛的迈克尔·麦格雷戈是我的好友，他是一位出色的摄影师和博物学家。他发现一只松貂选择在他家屋顶上做窝——而且正好就在他们的婚床上方。这只松貂产崽后，幼貂开始发出声音，这种噪声在夜晚吵得令人无法忍受。迈克[1]知道，哺乳动物通常会将自己的幼崽转移到新的巢穴，因此他很不情愿地决定在天花板上凿一个洞，轻轻地将尚且幼小且不能动的四只幼崽移走。他小心地将它们放在篮子里带下楼，把它们放在阳台上晒太阳，然后站在后面看着。

正如他期待的那样，这只雌貂很快就对孩子们的呼唤做出了反应，它用嘴轻轻地把它们移走，一只接一只。每次它都是一溜烟地跑出他的视线，然后又回来转移下一只。确认雌貂已经将孩子们转移到新巢穴之后，他返回房间，打算把卧室天花板上的那个洞修补起来。令他大吃一惊的是，他发现它比他快了一步。这四只幼崽再度依偎在洞口边软绵绵的隔热羊毛里，距离它们之前的巢穴只有几英尺远。这只雌貂显然很清楚哪里最适合自己的宝宝。迈克妥协了，他把洞补好，不再去管它们。至于这件事是否对他的家庭和谐造成了影响，他没多说。

1 迈克尔的昵称。

☆ ☆ ☆

我在黑暗中摸着瞎。我完全不知道它是否已经产崽。我得到的唯一信息是最近几天有人在差不多同一个地方看到过它两三次。夏洛特说它看上去已经到了孕晚期。虽然情报不多，但我希望我可以看到它在夜晚返回巢穴。我的计划是尽量跟随它，或者至少能够确定它的方向。但我也知道希望渺茫。

天气寒冷。光线所及之处一切纯洁无瑕。这里过去曾有过严重的霜冻，现在亦是如此。这片湖水已经冰封，出门时，一阵刺骨的寒意向我袭来。我赶紧回屋拿手套和围脖。那只炉子让我在距离它只有四英尺的沙发上安眠了一整夜。

很久以前，在斯瓦尔巴群岛巴伦支岛的一次冬季探险中，我和露西深入巴伦支海的冰层，寻找和幼崽一起出洞的北极熊。我们整晚都待在一栋老旧的猎熊人小木屋里。室外的温度低至零下 38 摄氏度，风雪肆虐。我们只能把炉火烧得旺旺的，让裹着睡袋的自己紧挨着它。虽然现在没有当时那么冷，但我在圣水屋还是采用了同样的方法，将自己裹在一条双层羽绒被里，这比在北极时候舒服多了。晴朗无云的夜空下，月光照亮湖面的冰层，还有一天就是满月。我好像能听到寒气在闪烁着星星点点银斑的暗夜中降临。我睡着了，梦里见到了北极熊。

黎明时分，我走进冻得硬邦邦的天地，到处都是霜冻造就的图案，是大自然的鬼斧神工。万物都裹上了一层精致的白霜。树叶在脚下咔嚓作响。枯死的欧洲蕨叶片不再是姜黄色的，每片小叶的边缘都闪烁着半透明的白色光亮。沿着湖边向上走去，脚下的松针组成了冰冻地毯。一阵突如其来的冷空气穿破了我所有的防护，深深刺痛了我。我打了个寒战。离开湖岸后，我蹚过深及大腿的枯蕨丛，祈祷自己没有弄出太大声响。我沿着发光的河水前行，水流缓缓，呈现出白兰地一般的色彩。水溅到石头上结出冰霜，像精美的白色真菌一样绽放。我希望这条溪流的潺潺水声可以掩盖我笨拙的脚步声。我相信本地的猎人也是这样利用河水和溪流的。

我的目的地是夏洛特说的她上一次看到松貂的地方，我还要再往山上走一百码，在长着树瘤和深深裂纹的老桦树间走出一条弯弯曲曲的道来。有一条蜿蜒的小路与这条小溪大致平行，但这并非人类走出来的。我猜这是鹿的踪迹，但也有可能是狗獾的，因为这两种动物都有习惯性的行为模式：欧洲马鹿通常在晚间下山觅食汁水充沛的草，然后再返回安全的树林，而狗獾则在夜间觅食。在它们穿过小溪的地方，有大量这样的证据。到处都是马鹿的双向箭头形足印，有些非常新鲜，也许是几小时前才留下的。

地面变得平坦起来。就在那儿，在一小片空地上的巨砾圆顶上，有一枚显眼的貂粪。这是一团扭结在一起、尺寸类似一只大型毛虫的黑色粪便，看上去是为了作为其他松貂的路标而被故意有条不紊地留下来的。它看起来很新鲜，还泛着亮光。在没有破坏它的情况下，我观察到这团粪便里夹杂着老鼠的毛发、破碎的甲虫鞘翅，以及花生碎，由此可见这只松貂曾经在我们的某个喂鸟器中吃过东西。这个发现令人振奋。

尽管天气很冷，我还是决定停下来盘坐一会儿。我缓慢地深深呼吸着，用鼻子吸气，嘴巴呼气，这是一个让自己达到平静状态的训练步骤。我的气息如羽毛一般轻轻飘扬，我很好奇自己的分子是否正在树丛间缓慢扩散。我思忖着它们会在消散前飘到多远的地方，最后被森林的精华——真菌——所吞噬。我拉起围脖遮住口鼻，双手交叉抱在胸前，尽可能多地聚拢些热量。在湖边的某处，一只西灰林鸮的叫声在黎明的寂静中回响，这是它在返回栖息处之前的最后一声啼鸣。不过它没有得到任何回复。

学会盘坐也是一种修行。这是多年前我从芬兰北部一位麋鹿猎人那儿学到的一种个人技能，后来得到了新森林自然遗产中心优秀的博物学家兼电影制作人埃里克·阿什比的认可。当我还是一名充满热情的学生时，他曾短暂地关照过我。后来，他被人们誉为“无声的守望者”，因为他在拍摄野生动物时总是带着无限的耐心。

这是你只能靠自己完成的事情。那位猎人一半是萨米人，一半是芬兰人，他解释说，迄今为止最好的狩猎方式是让麋鹿自己来找他。如果需要的话，他可以一动不动地坐上几个小时，以禅宗般的专注保持静止，除了眼睛什么都不动——这是一种无我的境界，一种超越冥想的冥想。“你什么也别指望。”他补充道。“如果身上痒的话怎么办？”我问道。他笑着告诉我，你必须学会让瘙痒穿透你的身体，然后从另一侧出来。如果你没忍住并开始抓痒，你就打破了这个氛围，并且很难回归真正的宁静及其带来的意识。瘙痒考验的是你的定力。和我说这番话的时候，他一边晃着脑袋一边微笑着。我觉得他并不真正相信我能做到，因为那是一种修行的状态，是一种“自我”意识，“凡人”无法企及，只有他和他的拉普猎犬朋友们才能做到。这反而让我更加坚定了为自己做到这一点的决心。

我很难描述具体发生了什么。说它是冥想似乎很有吸引力，但它根本不是那样，而且和出神发呆没什么关系。大多数与佛教有关的冥想主要是让人放空，同时关闭外部意识。而我所说的冥想几乎与之完全相反：达到对周围环境和自我一体的高度意识。我首先要承认自己没有正确理解冥想或支配它的法则，而且你也无法一下子就进入这样的状态；你必须一遍遍地练习，就像一个人要进入彻底的冥想状态时所要做的那样。打个不恰当的比方吧，这就好像我的笔记本电脑为了节约电量而进入待机状态——它并没有关机，内部一切功能正常——它只是暂时处于停止状态，直到某个操作让它重新启动。我所能找到的这种行为与禅宗冥想的唯一相似之处在于控制呼吸，它对这两种修行来说都非常关键。

以麋鹿猎人为例，我认为只有在你充分意识到自己所处环境的时候才能做到：意识要放在声音或气味上，感受空气在皮肤上造成的压力，感受环境的潮湿或干燥，接受或冷或暖的环境温度，感受脚下的岩石、土壤或林地的“觉”，意识到是清风或微风让树枝和树叶动了起来，看到光影的变换，忘却自己的身体，并且无视时间的流逝。

指望一个来自城市环境的人能理解我在说些什么是个不容易的要求。我常常带大家去野外的树林，要求他们在观察鹿等野生动物的时候保持静止，但却发现他们不仅无法静下来，而且也不能理解什么是真正的静止。我想起安妮·迪拉德（Annie Dillard，1945— ）在《听客溪的朝圣》（*Pilgrim at Tinker Creek*）一书中所说的：“叫人惊讶的是，不能够或不愿意静止不动的人，不知有多少。[……] 可是在溪边我慢下来，下到中心点，空掉。[……] 我后退！不是退入内心，而是退出自己，于是成了一堆感官的组织。不论看到什么，都是众多、丰盈。我是为风所抚弄的水之皮肤；我是花瓣、羽毛、石头。”[1]

你不能抓挠，不能打喷嚏或咳嗽；你不能擤鼻涕或调整姿势——你必须学会控制所有这些我们平时不假思索的身体动作。你也不能打瞌睡，不过我承认我有时一不小心也会这样。眼睛必须睁得大大的——伴随着呼吸的起伏，这是唯一可以做的身体动作。你必须给它以时间——没有限制的时间——尽可能长的时间。然而即使是热衷于野生动物保护的年轻学生，在我告诉他们可能要在树林

1 译文引用自《听客溪的朝圣》，余幼珊译，广西师范大学出版社，2015 年。

里静坐几个小时的时候，他们也会感到不知所措。而在我们舒适的观察站里，那些裹得暖暖的、坐在软垫座位上的访客听到自己必须安静地坐上三个小时的时候，他们也感到震惊不已。

盘坐是我使用过多次的技巧，我也因此获得了一些难忘的经历。野生动物似乎天生以为人类就是跑来跑去、吵吵闹闹的——因此如果你一动不动，那么你就不可能是人类。大致检查一番之后，它们就会无视你。我记得埃里克·阿什比曾经告诉我："你没法改变自己的气味，但大多数野生动物需要的不止是一丝气味。它们需要声音或动作来确认来自人类的威胁。"

嬉戏的狗獾幼崽和松貂幼崽曾误入我的脚下，鸟儿落在我的身上，鹿常在我的身旁吃草，伶鼬和白鼬在我周围忙碌跳蹿，野兔曾一头撞到我的身上，红松鼠和小林姬鼠则会从我身上蹿过去。还有一次，就在我们艾加斯自己的松树林里，一只野猫在距离我三英尺的地方无声无息地走过，嘴上还叼着一只小野兔。我敢肯定它并不知道我就在一旁。

☆ ☆ ☆

一个半小时的时间如海市蜃楼般消逝了。一束强光从林间照射进来。大山雀来到我头顶的树冠四处活动，一只煤山雀跳下来看了看我，接着蹦来蹦去，在桦树皮的缝隙中搜寻蜘蛛。除此之外什么动静也没有。寒意从我坐着的冰冻苔藓中蹿了上来，将我身体的热量都吸进苔藓里。我实在太冷了，冷得需要咬紧牙关，调动所有的意志力才能站起来活动四肢。我蹒跚着慢慢返回山下。后知后觉，我又回去把那块巨砾上的粪便取了下来，用我戴着手套的手握着它，直到我走到湖边才把它丢掉。如果出现替代它的新粪便，我就知道我的这只松貂出来活动了。

有时候我觉得成为一名博物学家是一种遥不可及、要求过于严苛的考验。“让该死的松貂见鬼去吧。”我喃喃自语。我想洗个热水澡，喝上一杯热腾腾的茶，再加一碗放了奶油的粥——我现在只想要这些。

4月7日

我又尝试了一次，这是在圣水屋中度过的第二晚。还是老规矩，我先在家中与露西共进晚餐，然后拥抱互道晚安，最后偷偷溜进寒冷的室外。圣水屋的炉子很快就燃起了活力，云杉木柴在火焰中噼啪作响，听上去好像手枪开火。我把沙发床拉到靠近炉火的地方，没脱衣服，将自己裹在旧羽绒被里。在舒适温暖的环境里，睡意如潮水一般涌来。黎明时我所需要的一切都已经放在桌上，靴子立在靠近炉子的地方。这样我至少可以有个温暖的开始，因为没什么比将双脚塞进冰冷潮湿的靴子里更糟糕的了。睡前我能记得的最后一件事，是在想月亮还有多久才会升起。

我不需要闹钟。如果我的大脑在关闭时知道我想在黎明前起床，它似乎便能启动一套无懈可击的计时系统。五点，我已经醒来。我只来得及刷牙、烧开水、大口喝茶，然后就出门了。

幸好天没有那么冷。已经过了满月的日子，现在的月亮是一轮暗淡的下弦月，悄悄躲在雪纺似的云片背后。湖面仍然冻着，闪烁着银盾的亮光；经过严酷霜冻的地面踩上去还是嘎吱作响，但从西面吹来的天鹅绒一样的微风却十分柔和，给人带来一丝春天的希望。东边的光线好像一位踟蹰的客人。一只欧亚鸲在圣水屋后门外的黄花柳上吃早餐——欧亚鸲几乎从来不会错过任何良机。这一次，我知道我要去向何处，于是轻快地沿着小溪向上走去。

当我来到那块巨砾的时候，那儿并没有新鲜的貂粪。我的情绪瞬间沉了下去。我本以为可以找到松貂留下的新信号，但就在我怀疑自己是否找错了方向时，我注意到了一些动静。

我们经常用“眼角余光”（out of the corner of my eye）这一表达方式，但我们通常都没有意识到，人眼的设计其实十分巧妙，可以捕捉常规视野极限处的运动。我们的视网膜上有两种不同的感光细胞，即视杆细胞和视锥细胞。其中视锥细胞在光线充足的情况下工作得最好（明视觉），它们可以识别色彩，让我们清晰对焦。视锥细胞只集中于眼球的中央，而视杆细胞则集中于两侧，主要负责检测单色光，可以在弱光环境下很好地工作（暗视觉）。视杆细胞像栏杆一样呈纵向排列，能够捕捉到眼角检测到的运动。就像通过栏杆看到的汽车驶过的动态会得到放大一样，经过视杆细胞的运动也会引起我们的注意，哪怕我们还没有看清那是什么运动。为了更好地看到它并清晰对焦，这时我们就必须将视锥细胞的视线转移到运动物体上去。

这就是我的做法，小心而缓慢。是的，那正是一只松貂。

在地面上，松貂有它们独特的“步态”。这是一种看起来高效、轻松、摇摆的步态，而且可能确实也很轻巧。我没法将它与其他任何动物相提并论，自然也没法将它比作狼的慢跑步态，更无法将它与猫的徘徊或狐狸的弹跳联系起来。松貂的步态给人一种装了卷曲弹簧的感觉，你怎么强调它都不为过，在这种放松的奔跑动作中，似乎有一个无形而敏锐的触发器可以让松貂突然爆发。它们可以跳到五英尺高的树上，然后迅速上蹿消失，快到只要你眨一眨眼就会错过。这就是我所见到的。

它距离我有 30 码远。我的视杆细胞记下了它在后面的桦树林间穿行的身影。当我转过身来，我的视锥细胞将焦点对准了一只成年松貂，它跳上桦树树干，消失在高处的树枝间。我立刻意识到它已经看到我了。想要骗过松貂并非易事。

因此我面临着一个选择：放手不管，希望它天生的好奇心可以驱动它下来看看我；或直接放弃，回家去。在这样的时刻，我们很容易就此认输，耸耸肩说声“哦，好吧，我已经试过了”，因为这太有诱惑力了。但和麋鹿猎人一样，我选择留下，带着希望继续盘坐。我在那块巨砾旁坐下，背靠一棵树皮如纸的年轻桦树，竖起衣领，将帽子拽下来挡住脸。我闭了一小会儿眼，试图让自己专注起来，假装自己不在此地。

我不知道过了多久。只一会儿的工夫，时间就消失了，不再有任何意义。一两个小时后，你就会失去自己的身份，你会变成岩石、树木、真菌、冬天枯萎的欧洲蕨，或者只是普普通通的泥土，直到身体难以避免的感觉将你拉回——寒冷、抽筋、饥饿、口渴、尿意……一枚冷冰冰的太阳从湖面缓慢升起，在桦树和松树间摸索穿行，在布满针叶的地面上绘制出虎纹般的条纹。阳光从侧面照亮树干，仿佛给它们贴上了层层金箔。

一条蜈蚣在我身上爬过，我试着猜测它有多少条腿；一只小小的蜘蛛用它的蛛丝从我的帽檐上坠下来，它距离我实在太近，使得我没法聚焦。视线之外，一群叽叽喳喳的煤山雀在我的周围忙碌着，还有一只巨大的、黑亮的甲虫——粪金龟，鞘翅上闪烁着奢华的蓝色金属炫彩。它呆板地拖着六条腿，在林地上笔直地从我的身边走过，好像在执行一项什么任务。粪金龟就是屎壳郎，我不知道它是否从我已经移除的貂粪那儿察觉到了气味信号。在大自然这儿，万事万物都紧密相连，只有我们切断了这种联系，将自己隔绝在外。

后来我就没再看到过松貂了，如果不是一场骤然而至的林间好戏，我可能不得不在我的野外笔记中记录这是一次失败。

我早就注意到林子里有松鸦。整个早晨它们疯狂的尖叫声都在远处回荡，那声音沙哑刺耳，仿佛一场一触即发的暴躁对话。我本来在想它们是不是因为松貂在这儿而发出了警报声，但这种相互交流的鸣叫似乎过于持久，听上去更像是鸟儿之间的双向争吵，例如为争夺领地而引发的暴躁争端。接着好戏上演。一只松鸦飞得离我很近，大概只有几码远，它白色的臀部像灯塔一样闪着光，恰好落在我视线所及的一处，在一棵松树的树枝上。也许我判断错了，毕竟松鸦非常在意松貂的出现——松貂可能会捕食它们的鸟蛋和雏鸟。由于常常受到伤害，松鸦的警惕性很高，我距离它们很近，因此我知道它们并没有察觉到我。也许它们会向我透露松貂巢穴的位置。这只松鸦的尖叫声响彻我所在的整个空间，让其他所有鸟都沉默了。

我缓缓转过头去，一抬头，恰好看到一个巨大的黑三角似的东西在阳光下猛冲而下。它从我身边一闪而过，在冬日光秃秃的树冠构成的枝桠格子之间盘旋、上蹿。一声尖叫如利刃划破寂静。这是一声充满痛苦和绝望的尖叫，带着震惊与警告的意味，预示着在劫难逃的死亡。

一只巨大的雌性苍鹰把那只松鸦从它栖息的地方抓了下来。这是一次伏击，一只看不见的鸟儿突然冲过来，用翅膀和爪子劈过来、抓过去，速度快如导弹。这是一次毁灭性的突袭，那只松鸦没有时间去反应，根本没机会逃跑。那只大型苍鹰金盏花黄色的双眼冒着熊熊火花，它从距离地面只有几英尺高的地方快速飞来，连续推动半开半闭的翅膀，扭转、旋转，穿过几英尺外的树丛从我身边掠过，然后突然转头向上飞去，从下方一把擒住那只松鸦。苍鹰的爪子又长又弯，像皮下注射器一般尖锐，仅仅发动了一次攻击，就抓住了松鸦浅红褐色的胸脯。转眼间，苍鹰消失了，它带着猎物穿过树林，身下那可怜的松鸦发出了最后一声长长的哀鸣。

苍鹰会缓缓弄死爪下的猎物。它可能会先飞到一根方便的、也许已经用过很多次的树枝上，然后用一只爪子按住松鸦，再用锋利的钩喙扯开它的脖子，拔下毛皮，令血肉和颈静脉暴露。再多的拍打和尖叫都没法阻止这场沉稳而老练的处决。

我曾见过许多次苍鹰，但我从未目睹过这种盘旋着穿树越林的杀手式攻击。它的力量、速度，以及抓捕的致命精准度令我瞠目结舌。但之后它就飞走了。我不得不晃动自己的脑袋来确认自己并没有发梦。我的脉搏怦怦地跳着。我又坐了几分钟，然后悄悄溜出了树林。

4月11日：晚上6点40分

白天的时间渐长，我想我还是可以在晚上试试，那时候雌性松貂通常会出来觅食。我认为自己走的路没错，很快我就又来到了小溪小径旁的那块巨砾边。对！一块新鲜的粪便。这块热腾腾的貂粪散发着一种令人作呕的甜味，大概是几个小时前排下的。我认为貂穴就在山坡上不远的地方。我所能做的就是非常小心、缓慢、尽可能安静地前进，同时希望遇到其他的迹象，一些痕迹或声音——就像博物学经常总结的那样，一切都归结为两个基本要素：运气和毅力。

一只欧亚鸲跟着我，从一根树枝跳到另一根上，大概是希望我可以将它想捉的虫子惊扰出来。我发现自己正在思考，几十万年前——甚至几百万年前，欧亚鸲就已经习得了这种伎俩，为了一顿不起眼的饭食而追随人类的脚步。一只红松鼠看到我过来，于是匆忙溜走，它先是绕到一棵松树的后面，接着爬了上去，隐身于长满针叶的树冠中。我继续前行，心里明白它正注视着我。它提醒我（好像我需要提醒似的），在树林里移动的同时几乎不可能不被与我们共享同一个空间的野生动物发现和盯上。这是我们人类所要承担的，是我们永远的重担，也是我们为自己无情地主宰野生动物所付出的代价。我向来把忏悔视为个人的义务，尽己所能地关照野生动物。

脚下的路陡峭地升起，我还在鹿径上走着，路边岩层裸露。我坐了几分钟，喘了口气。一只冠小嘴乌鸦从头顶飞过，聒噪而粗暴地大叫着。冠小嘴乌鸦是森林里永恒的扫兴者。它们用刺耳的叫声嘲笑你，向周围所有生物宣告你在这里。我默默地骂着它，决心稳稳地坐着不动，希望它能感到没趣而离开。我舒服地靠在一块光滑的岩石上，伸展双腿，闭上双眼，盘坐下来。

我就这样睡着了，而我原本并没打算睡觉。醒来时，我觉得自己有点蠢，不知道自己错过了什么。树林异常安静，低垂的夕阳早就隐没于山峦之后，阳光像潮水一般退去。我意识到自己一定睡了一个小时或更久。我很想说这种事并不经常发生，但实际上恰恰相反。

我认为非虚构作家，特别是自然作家有责任道出实情。真相很重要，否则我们不如胡编乱造了。是的，我睡得可沉了。我发现在努力做到完全静止的时候很难保持清醒，尤其是在寒冷的时候。随着年龄的增长，我似乎更容易睡着，睡意总是偷偷潜入，在不知不觉中让我安静下来，以至于我感觉不到它的到来，而且在我发现之前，我早就见周公去了。在这种情况下，睡眠并不是什么糟糕的结果。这意味着森林里所有被冠小嘴乌鸦警告过的生物都忘记了我，纷纷忙自己的事去了。

我的腿僵住了。我绷紧小腿肌肉，在靴子里扭动我冻僵的脚趾，让血液循环起来。多年的经验告诉我，除非我确定附近没有任何东西在看我，否则永远不要站起来伸展身体。我可以在不转动脑袋的情况下查看 180 度的范围。周遭似乎没有任何动静。然而就在我准备放松下来的时候，我听到一只报警的鹪鹩发出的叫声，虽然遥远，但我非常确定。我愣住了，专心听起来。它在前方有些远的某处生气地喳喳叫着。你不会听错这种叫声。它是一种细弱的、烦躁而刺耳的咯咯声，听起来非常气愤，有点歇斯底里。这只娇小的鸟儿从一棵树跳到另一棵上，我看不见它，但它从未飞远，总是一次又一次地回到差不多同一个地方。一定有什么事情令它烦躁不安。

阅读大自然的声音和迹象总是让我感到兴奋。作为一名活跃的野外博物学家，这么多年来我听到过数百次鸟类的警报声，鹿的粗吼声，甚至是树枝折断或植被沙沙作响的声音，它们都提醒着我，这有可能是野生动物有好戏上演的时刻，或只是我可能会错过的精彩现场和经历。我本能地知道，那只鹪鹩发出警报并非因为我。

我进退两难。如果我站起来试着爬上去看个究竟，我有可能会把鹪鹩和困扰它的东西吓跑。而如果我依然静坐着，那我可能会错过一切。作为折中方案，我选择谨慎而缓慢地转移阵地，这样我就可以通过双筒望远镜查看四处。这个方法奏效了。就在一棵欧洲赤松的半腰，我看到了一只松貂，它攀在一根大树枝上，正在用后爪快速抓挠脖子。我敢肯定，它刚从巢里出来，而且这个巢穴一定就在不远处。它并没有注意到我的动静。

挠了半分多钟后，这只松貂头朝下，以优雅的姿态在松树上向着地面滑去。在它轻巧地顺着树干滑到地面的过程中，我可以听到它后腿伸展的爪子在树皮上扒蹭的声音。它蹦跶了两下就消失了。我抓住机会赶紧站起来，小心地避开脚下的树枝，快速而谨慎地向前走去。

那只鹪鹩立即看到了我，继续发出警报，现在它显然是冲着我来的。我没理睬它，因为我认为松貂可能不会察觉到其中的不同。我向前走了 5 码，10 码，15 码。我停下来，四处搜寻。没有任何动静。我又走了 5 码，再度停下，用望远镜左右扫视——还是什么都没有。鹪鹩飞来又飞走，它在小溪旁一棵倒下的桦树树枝间找到一个安全的位置停下，还是大声叫个不停。我知道已经距离目标不远了，而且也许非常近。

松貂不见了。天光消散得很快。我不知该如何是好。我茫然地四下张望，一个树洞都没看到，树根上似乎也没有什么凹陷或坑洞；除了缓缓暗沉下来的树林和柔潺流淌的溪水，什么也没有。然后它来了。

在我的右侧，地面陡然沉入溪床。小溪两岸排列着巨大的砾石，宛如一座小型峡谷。这是冬季愤怒的洪水造成的，怒涛经过，这般陡峭的溪水便发出雷鸣般的咆哮，延绵不绝。在这些巨砾间的某处，传来了松貂幼崽清脆的叫声，一种只要听过就永远不会忘记的声音。这种声音有点儿像猫叫，但音调没那么高，是比较单调的嘶叫，带着些恳求的意味。又叫了一声，接着是另一声——我猜测这是三个不同的声音在呼唤它们的妈妈，一遍又一遍地重复着。接着我看到了，它就在水边，距离我不到20英尺远，正在安详地梳理着它那巧克力色的皮毛。

那三只幼崽也出现了，跌跌撞撞地向妈妈走去。它们看起来好像刚来到这个世界——也许是第一次走出岩石里的巢穴。雌貂没有看见我，完全没有受到惊扰。鹪鹩还在安全距离外叽叽喳喳地叫着。它不疾不徐地在巨砾间穿行，向下游走去，其间也会停下，不过是为了查看幼崽是否跟在后面。不到一分钟，它们就不见了，但我还能听到幼崽细弱的叫声，那声音越来越弱，最后被潺潺的水声淹没。

一直等到这时，我才动身下去查看巢穴。

5月22日：晚上8点35分

六位访客去了坎贝尔观察站，那是一座舒适的绿色小木屋，以苏格兰著名自然摄影师劳里·坎贝尔的名字命名，在过去的20年里，他一直非常专业地指导着我们在艾加斯的摄影课程。这座观察站装有LED泛光灯，可以将光线投射到一个人造喂食台上。这个喂食台设计得尽量贴近自然，是狗獾和松貂在大多数夜晚经常光顾的地方。被花生吸引来的小林姬鼠招来了西灰林鸮，狍子蹑手蹑脚地走过，偶尔还有狐狸、野兔和刺猬突然现身，过来看看这儿的一切。松貂和狗獾完全不会察觉到由调光器轻轻调亮的人造光源，我们的客人因而得到了一个观察野生动物的良机，可以通过敞开的窗户近距离观察它们，这样的距离有时只有几英尺。

最后一天晚上，惊喜等待着他们。一只成年雌性狗獾挪着步子走了过来，大口大口地吃起花生。让每个人都很高兴的是，几分钟后，一只赫赫有名的雌性松貂带着两只摇摇摆摆的幼崽出现了，它的围嘴上有一块深巧克力色的斑点，因此我们都叫它“一块斑”。那两只幼崽刚出巢不久，大概只有六七周大。幼貂在六周左右的时候从出生的巢穴出来，刚出洞的时候它们会不停地呼唤自己的母亲。这是一种不易混淆、持续不断的沙沙的叫声，其目的似乎是在它们穿越树林时让雌貂能够确定幼崽的具体位置。

我们在观察站的窗前为摄影师细心布置了一棵倒下的大树，“一块斑”爬上这棵树的树枝，吃起护林员在几个合适的位置上涂抹的蜂蜜和花生酱。幼崽试图跟上它，但它们还站不稳，攀爬技能也明显不够熟练。它们笨拙地爬上去，掉下来，然后又试了一次，并且大声叫起来。“一块斑”没有理睬它们。它正忙着舔最高的那根树枝上的蜂蜜。这时候，一只幼崽掉到了地上，摇摇晃晃地走到一个空心树桩旁，值班护林员曾在那儿藏了一些花生。它爬了进去。观看的客人们全都看得入迷了。

就在这时，一只对松貂从来都视而不见的狗獾故意走到树桩旁，猛地扑向幼貂，这是鼬科动物对同科动物发起的攻击，它咬住了幼貂的一条后腿。幼貂尖叫着试图挣脱，但狗獾却疯狂地甩着它。“一块斑”从树枝上猛冲下来，和另一只幼貂一起跑进树林。狗獾松了口，被咬的幼貂一瘸一拐地跟在妈妈和同胞后面，它明显已经受伤，可怜兮兮地哀嚎着。

观察站里的客人们都吓坏了。一位女士哭了出来。另一位客人则想向狗獾扔东西。值班护林员路易斯是一个非常认真而勤勉的小伙子，他尽力安抚他们。事后他告诉我，虽然他认为那只幼崽伤得并不重，但客人们显然都十分震惊。在我们光鲜的自然风光电视文化的影响下，人们并不喜欢野生状态下的野生动物——因为它们总是会受伤或死亡，更不想在观察站看到这些，尤其是在这些动物幼小又可爱的情况下。

我经常看到狗獾和松貂之间的紧张关系和攻击行为，当然在大多数情况下，松貂总是跑得又快又敏捷，以至于狗獾没法捉到它。它们虽是表亲，但狗獾属和貂属动物之间基本没什么感情可言。如果有可能，我相信狗獾一定会持续地捕杀松貂。倘若狗獾碰巧发现了一个可以进入的貂穴——例如树根或地洞里的——我敢肯定它一定会把幼崽全都掏出来吃掉，就像对待兔子、老鼠，当然还有伶鼬一样。

虽然被咬的那只幼崽跛行了几周之久，但“一块斑”的这两只幼崽都活到了成年。

第五章

水獭

欧亚水獭属于食肉目鼬科、水獭亚科（Lutrinae）、水獭属（*Lutra*）。全世界共有九种水獭，分别属于三个不同的属，其中生活在英国境内的只有水獭属[1]。英国的这种水獭学名为 *Lutra lutra*，来自拉丁语。它在中世纪英语中叫作 ottr 或 otor；在苏格兰口语中称作 dratsie；在苏格兰盖尔语中叫作 dòbrhan；法语为 loutre；丹麦语为 odder；西班牙语为 nutria；德语是 Ottern。有观点认为 otter 源自原印欧语词汇 wódr，它也是 water 一词的来源。

河獭（river otter）和海獭（sea otter）这两个概念常被混为一

1 根据当前的分类，水獭亚科下面有七个属，分别是小爪水獭属（*Aonyx*）、海獭属（*Enhydra*）、斑颈水獭属（*Hydrictis*）、美洲獭属（*Lontra*）、水獭属（*Lutra*）、江獭属（*Lutrogale*）和巨獭属（*Pteronura*）。

谈。海獭是完全不同的新世界物种，只生活在太平洋，主要以鲍鱼、贝类为食。英国的水獭既能在咸水中生活（因而被混淆），也能在河流和湖泊、陆地和海洋中生活。它们在陆地上十分灵活，常常离开水域进行远距离跋涉。20世纪60年代和70年代，水獭遭到有机氯杀虫剂和河流污染的严重威胁，数量急剧下降。随着有毒杀虫剂逐渐被禁用，河流得到清理，水獭开始大规模回归。现在，可以说英国的每条河流中都有水獭的身影。它们也广泛分布于欧洲各地。

水獭是一种体形壮实、修长，极其敏捷的半水栖哺乳动物。它的皮毛呈棕色到灰色，短腿上有蹼，长而粗的尾巴被称为“撑杆”（pole）。成年雄性比雌性大得多。雄性水獭重达10千克，雌性可达7千克。它们的皮毛柔软丝滑，下层绒毛浓密、防水，外层针毛较长，湿水时会让水獭显得皱巴巴的。过去在有水獭分布的区域，水獭曾在捕猎活动中被猎杀，因为吃鱼而被残杀，也会因为皮毛有用而被人们下套捕捉。

雄性水獭叫作雄獭（dogs），雌性叫作雌獭（bitches），年幼的水獭称作幼獭（cubs或pups）。它们的耳朵短而圆，眼睛明亮深邃，视力极佳。它们的听力也很敏锐，嗅觉同样非常发达，虽然这些在水下都没什么用。它们的脚上有蹼，因而十分适应水栖生活。据说它们和海豹一样，面部长长的触须可以探测鱼类的活动，有助于在浑浊或泥泞的水中捕猎。水獭通常在夜间活动，但它们同样喜欢在白天觅食，特别是在受潮汐影响很大的海洋环境中。

水獭的栖息地一般在淡水或咸水水域及其周边。在水獭从受到污染的河流中消失后，那些生活在海岸和近海岛屿上的水獭——尤其是苏格兰北部的水獭——就成了仅剩的可以从中恢复和重新迁殖的种群。过去，看到野生水獭是一件非常罕见的事情，但近些年来，习惯了人类存在的水獭经常出现在英国城镇的河流、湖泊和池塘中，它们也常出没于花园、农田和建筑物的周围。船主们常常在泊船时发现蜷着身子睡在座位上的水獭。和所有其他鼬科动物一样（狗獾可能除外），水獭也非常警觉，充满好奇心。

幼獭出生的洞巢被称为 holt。水獭的巢穴可以建在空心的大树里，树根之间或岩石的缝隙中，甚至可以建在底朝天的船下或水边老旧建筑的地板下，通常围有干草。一胎产下的两到四只幼崽将和它们的母亲一同待上好几个月，初次离巢时，可以听到它们发出的细弱而凄楚的叫声。水獭喜欢独自生活，但在养育幼崽时，它们也会组成小家庭。和所有鼬科动物一样，它们的尾巴下面也有一个气味腺，并经常规律地快速往下蹭，在它们呈线性分布的领地里散发气味。这些领地几乎总是位于河岸或沿海地区，范围取决于食物的供给，从几英里的河岸到一整片大湖不等。

水獭的齿系是肉食性的，它们的犬齿清晰，下颌有力，不过它们的食物种类繁多，包括鱼类，甲壳类动物——如螃蟹和龙虾，两栖类动物——如青蛙和蟾蜍，小型哺乳动物，还有鸭子和雏鸭以及其他水生禽类的蛋和幼鸟。据说在斯堪的纳维亚，它们会进入河狸的巢穴捕食河狸幼崽。海鸥和燕鸥尤其容易受到水獭的攻击，后者会吃掉它们的卵和雏鸟。水獭是贪婪的捕食者，它们会给鸡群造成严重破坏，还能吃掉家鸭甚至大鹅。严冬时节，它们也会进食腐肉。它们不冬眠，整个冬季都非常活跃。

和狗獾与松貂一样，水獭也有延迟着床的特点。这使得它们可以在一年中的任何月份交配，但通常都在初夏，经过为期七周的妊娠期后，幼崽通常在次年一月或二月出生。一胎有两到四只，幼崽出生时闭着眼睛，浑身粉红，它们将在巢穴里待上六周左右。离巢后，它们必须学会游泳，并且完全依赖着它们的母亲，通常要和母亲一起待上六个月之久。一旦学会游泳，幼崽就变得非常顽皮，经常跳水或从彼此的身上跳过来、跃过去。

现在，它们几乎没有人类之外的其他天敌，但在过去，冒失的幼崽可能会被狼、猞猁、棕熊、貂熊甚至老鹰叼走。现在它们最大的威胁来自人类的直接迫害和路杀。

尽管是受保护的物种，但由于它们偶尔会捕食雉鸡和山鹑，因此遭遇了狩猎场看守的广泛迫害。捕杀和射杀是主要手段，非法毒杀也时有发生。在 18 世纪和 19 世纪，人们为了水獭的皮毛而对其进行系统性的捕杀，垂钓者也将其当作害兽处置，这样的做法一直持续到 20 世纪。

然而现在水獭回归了。它们重新占据了英国境内几乎每一个适宜的栖息地。得益于专门的保育工作、重要的文学作品和博物学电视节目，水獭作为哺乳动物中的一种有价值的重要成员进入了公众视野。

6月29日

午后艳阳高照。气温24摄氏度。微风偶尔拂过湖面，转瞬消散。伴随着几乎听不到声音的漩涡，鳟鱼懒洋洋地浮出水面，捕食刚孵化的苍蝇，在明镜般的水面上荡出一圈圈轻柔起伏的涟漪。一只绿头鸭新近孵出了九只雏鸭——在这个季节算晚的了，这应该是它的第二窝雏鸭——它正领着它们在湿地边缘的莎草丛里穿行。小鸭子们以微小身躯爆发出一股股能量，一边围着妈妈猛冲直撞，一边在水面上捕食苍蝇。在环绕南岸的松树林中的某处，我隐约听到一群小学生的欢笑和尖叫声。

我正在圣水屋的荫蔽下用笔记本电脑工作，那是我写作的地方。我的手机响了，负责学生项目的教育团队的一位成员发来消息，告诉我他们发现一只水獭在湿地边缘游泳。在漂浮的眼子菜草毯下，它一会儿下潜，一会儿浮起。

洛蒂当时21岁，是一名保育生物学专业的学生。她来自埃克塞特大学，在我们这儿进行大三学年的学术实习，研究我们的河狸示范项目。她本来一直在监测河狸的活动，看到我在阳光下工作，她在河狸小屋边设置了一个相机陷阱，随后便过来看看。我指着我们这片湖水远处的湿地，嘴里念叨着："水獭。"她和我一起来到甲板上，通过望远镜，我们可以清楚地看到它光亮的脑袋和艏波[1]。

这种情况并不罕见。水獭一年四季都会光顾这片面积八英亩的湖。冬天，我曾在冰面上的积雪中发现它们的脚印。它们沿着一条直线走向未结冰的水面，那儿有汇入湖泊的小溪，可以防止水面冻结。我们的记录显示，它们每个月都会在这里捕鱼。有时我们会看到一只雌獭带着长大了的幼崽，有时候只有一只，就像现在一样。

我们用"适应"（habituated）一词来描述无视人类存在的野生动物，哪怕它们可以看到人类，并且非常清楚人类可能是一种严重的威胁。由此看来，这只水獭一定听到过，可能也看到过小学生在树林里奔跑。它几乎一定会看到我坐在圣水屋铺满阳光的甲板上，并且知道洛蒂在河狸小屋旁的水边忙这忙那。

"适应"是一个还算合理的概念，但它并不等同于驯化。这只水獭一点儿也不温顺——它具有真正的野性——是野生动物。我之所以喜欢用"适应"一词，也是因为它曾多次来到这片湖，它开始认为人类会出现在一定程度的安全距离外，并且也接受这样的情况。但如果我们试图接近它、追逐它、向它开枪，或以其他任何方式向它发出警告，那么它便会瞬间消失，可能只会在夜幕的掩护下回来，

1　艏波（bow wave）：船在水中行驶时，船的艏部对水施加压力劈开水面，这时船的速度超过表面波的波速，在水面激起以船为顶端的 V 形波，这样的波就叫作艏波。

或一去不返。所有野生动物都会对我们人类进行永久风险评估。为了生存，它们不得不这么做。

绿头鸭也看到了水獭，它刺耳的警报声一遍遍地在水面上方回荡。它急急忙忙地带着那九只新孵化的小鸭子上了岸，在那里它们可以躲在灰株薹草那硬挺的茎秆之间。灰株薹草从深深的泥浆中生长出来，形成一片绿色的丛林，小鸭子们可以在其间轻松穿行，但这对于笨重的水獭来说就有些困难了。我曾见过水獭从水下一只接一只地捉小鸭。小鸭是很容易得手的猎物。但我们希望水獭今天没兴趣逮小鸭；它当时正忙着抓褐鳟，这片湖里有许多大大小小的褐鳟。

但事情并不总是如此。45年前，当我第一次来到艾加斯时，水獭——以及欧洲野猫和松貂——是我们可能看到的最令人兴奋的野生动物。如果我们设法让访客在河上或比尤利湾的前滩看到那么一只，他们会欣喜若狂。多年来，那些渴望看到野生水獭的人们会找到我们，让我们在春天或夏天的清晨天刚刚亮起的时候带他们前去。然而没有人会想到，过了短短几十年，它们在这个国家的许多城镇都已经变得司空见惯，成了河流和湖泊上的日常景观，并且根本不在乎人类和交通。

今天在许多层面上都值得纪念——这是我永远不会忘记的一天。在我作为博物学家的经验中，很少有这样的时刻可以让一个人被一系列相当有冲击力的事件所震撼，以至于整个人仿佛看到难以抗拒的变形术一般，变得措手不及，说不出话来。

洛蒂忙她的事情去了。随着孩子们在松林里的攀升，他们的声音也渐渐消失，湖面平静了下来。我重新投入工作。本地人詹姆斯·怀特是我们小小捕鱼集团的成员，他是一名技艺高超的飞钓者，经常来我们的湖边。詹姆斯到了，向我招手，他安静地准备着一艘停泊在圣水屋旁的船：船桨、桨架、座位垫、他的钓鱼用具包，最后是飞竿，已经组装好，并根据当天的情况装载了合适的飞蝇。詹姆斯知道不要在我工作时和我说话。于是我俩相互微笑，我也对他挥了挥手。船轻轻离岸，向湖中驶去，船桨在航行中安静地上下划动。

当我看到詹姆斯挥手时，他已经钓了半个小时鱼——对我俩来说，这点时间没什么大不了。我拿起我的望远镜，调整焦距。他指着某处说道："水獭！"他看上去指的是离船约20码远的一片波光粼粼的水面。那儿实在太亮了，我的眼睛完全没法看过去，反射的阳光如此耀眼，我不得不移开视线。

平复之后，我又稍稍瞥了一眼最亮的水面的左侧。船静止不动，松林投影下，幽暗水域边缘的微光勾勒出它的轮廓。船桨挂在桨架上，詹姆斯的钓竿无声地轻弹着，鱼线先是优雅地打了一个转，然后轻轻地落在水面上。在幽暗的水面上方几英寸处，有无数舞动的摇蚊，其数量之多，哪怕最粗略的估算都难以统计。它们身体和翅膀的每一次扑动都反射着阳光，每只昆虫都被赋予了一种多变的、近乎超凡的存在感，为湖面铺上一层闪烁的光亮。就在那儿，一只水獭正待在它们之间。

它被摇蚊团团围住，光亮的脑袋探出水面，像一块湿漉漉的石头一般闪闪发光。它先看了看船上的詹姆斯，然后又看了看我，一个确凿无疑的人类身影正站在那儿看望远镜。一粒粒闪亮的珍珠从它的胡须上滴落。

我认为那只水獭待在水面上的时间不会超过几秒钟，但这也足以将一连串令人震惊的画面印刻于我的脑海。它再次潜入水中，弓起的背部散发出古旧银器的光芒，接着是尾巴，一个以优雅姿态滑动的银色标志，翘到近乎垂直的角度，然后向下滑入黑暗的水中。它接着又捕了一个小时的鱼，然后彻底消失了。詹姆斯和我又看着它在水里上浮下潜了好几次，但我们再也没有看到过那样的景象：水獭被耀眼的阳光和晃眼的昆虫所萦绕，这令人难忘的自然美景转瞬即逝。

20年前

这是六月里的享受。为了庆祝夏至和长达18个小时的日照，每年我都会划着小船逆流上行12英里，将船泊在格拉斯河岸靠近坎尼赫村的一个便利的下水处。为了在凌晨四点左右看到明亮的黎明和日出，我们必须等待一个晴朗的反气旋天气。第二天凌晨三点半，我会叫醒任何一个愿意同去的孩子，然后驱车前往泊船处。带着露西打包好的一篮子早餐、茶或咖啡，我们划船顺流而下，缓慢蜿蜒16英里，回到艾加斯。这是一个难得的机会，在人类的喧闹世界汹涌归来、扰乱一切之前，我们可以好好观察一番大自然。

河流非常特别，而我们有幸能与一条真正具有野性的河流为邻，它的水源来自艾加斯南部和西部峡谷的湖泊，还有溪流与湖泊的支流。从坎尼赫到艾加斯水坝的航程只有几处颠簸的激流，很适合乘小船航行。在这段航程中，我们有可能看到狍子和马鹿，或许还可以看到狐狸、狗獾或松貂在河岸探寻着什么。此外我们还常能看到鹭鸟、秋沙鸭、河乌、绿头鸭、赤颈鸭和绿翅鸭，当然也有可能看到水獭。泛舟悄然接近似乎不会惊扰野生动物，也许是因为静静坐着的我们看着不似人类——野生动物并不觉得这样的形象会带来威胁。这是一种非常令人享受的观察方式，既可以看到野生动物的种种，也不会吓跑它们。

我在2003年出版的《滚动大地之歌》(*Song of the Rolling Earth*)里写到了我的小女儿埃尔米奥娜九岁时经历的这样一次探险。那是一次非常特别的经历。实际上，正是那次清晨的探险激发我在2004年的续集《自然之子》(*Nature's Child*)中书写了我与埃尔米奥娜的更多探险经历。

格拉斯河上有几座小岛。冰川峡谷的峭壁夹住河流，防止洪水向两侧蔓延。几个世纪以来，这条河一直在四分之一英里宽的洪泛区内蜿蜒流淌，转个弯过来，又转个弯过去。从大西洋吹来的暖风带走了山上的积雪，融化的雪水遇上潮湿的春季，愤怒的洪水便会咆哮而至，淹没整座峡谷，截断蜿蜒的河道，制造出牛轭湖和沼泽，将原来的河岸孤立成一个个随机生成的岛屿，困在河水的两道分支之间。

因为没有羊群和鹿群的啃食，这些小岛很快就变得野性十足。柳树和桤木在这里自然播种发芽，争先恐后地迎接阳光；芦苇和青草蓬勃生长，它们共同创造出一团团乱糟糟的灌木和幼树林，与洪水冲刷下来的一切融为一体。我们决定登上其中一个小岛，在一片长满青草的山坡上吃早餐。那时才清晨五点半。1999 年的这个洒满阳光的明亮清晨给我留下了一段特殊的回忆。那时埃尔米奥娜只有九岁：

我们发现了一个地方，水獭常在这里下水和上岸，下水时，它们会用肚子贴着河岸滑下去。我们在泥地上看到了它们的脚印——也是新近留下的。一片沾满污渍的烂草和灌木告诉我们，它曾在这里撒过尿——这是留给水獭拜访者的液体路标。我认为它在这个早上来过这里。

……阳光依旧十分刺眼，我闭上了眼睛。我侧过身去。埃尔米奥娜在沙土里发现了几只红蚂蚁，她正用一根草茎驱赶它们。我很好奇，对蚂蚁来说，它们该如何离开小岛呢？

“爸爸，你打呼噜了。”我挣扎着醒过来。我不是故意睡着的。

我用一个胳膊肘撑起身子。埃尔米奥娜还在我身边逗弄蚂蚁。从她的臀部上方望过去，就在那儿，不到八英尺的地方，我惺忪的睡眼定焦在一张脸孔上。那是一张湿漉漉的脸，闪闪发光。这张脸和一只老公猫的脸一样圆。它的耳朵像杨树叶一般小巧圆润。它的胡须硬挺，向下弯曲，排列成扇形。水珠挂在胡须上，迎着阳光。它的皮毛堆在一起，形成一簇簇的尖角，好像刚用毛巾擦过一样。黑珍珠似的双眼炯炯有神，目不转睛。它端正地直立着，短小的腿有点儿内八字，前胸宽阔，好似一条壮硕的狗。它的身体在背后隆起，形成一个弯曲的驼峰，光滑的尾巴向着河水卷曲。细细的水流顺着尾巴的末梢汇入小溪。

它正直视着我们。

谢天谢地，我们当时是躺着的。我们看上去不像人类。“别动。”我压低了声音对埃尔米奥娜说道，声音非常小但非常严厉，以至于她愣住了。“水獭。慢慢转过身来。”她的视线越过我的视线，好像云朵流淌过小水塘上方一般，轻缓地顺着我的身体向下移动，越过河面，继续移动……慢慢地……慢慢地，再越过她自己的双腿，回落到她身后的河岸上。她的脑袋定住了。我知道现在她的感觉已经和我相通。

这只水獭没有移动。它也惊呆了，不敢相信自己的眼睛。它从来没在这个岛上看到过人类。它认为这是属于它自己的领地：一个可以毫无顾忌地滑进滑出的地方，一个可以用尖锐的牙齿咬碎鱼肉，在春天的草地上打滚的地方。也许它还会带自己的配偶前来——也许它就是那个配偶，并且在这里有一个獭穴，或许就在那棵桤木树根下？我无从得知。我只知道它随时都会转身滑入河中，不激起一丝涟漪。它会像融化一般悄悄回到河里，然后在波动的涟漪中消失不见，只在沙地上留下五个展开的脚趾印，将它流体般的姿态印刻在我们活跃运转的杏仁核里。我知道这是百万分之一的偶遇，是再幸运不过的事情。埃尔米奥娜也许很久都不会再见到这样的水獭。我屏住了呼吸。

我不知道我们盯着那只一动不动的水獭看了多久，它是加文·马克斯韦尔（Gavin Maxwell）[1]笔下的“友善的守护神……否决了我的理智，让我在恰当的季节去寻找浆果”。可能不超过一分钟吧。我们看见它翘起鼻子，鼻孔微微张大，把我们散发出来的分子吸进去，将它们拖进活跃的鼻腔感受器。它丝毫不惊慌，也不警觉，转过身，滑入水中。我们最后看到的是它湿漉漉的弓背消失在荡漾的水波之下，一串细细的气泡顺势向下游漂去。在整整一分钟的时间里，你可以吸收到许多水獭的信息；而一只水獭也可以获得所有它想要从人类那儿得到的信息。埃尔米奥娜和我都对那只水獭

1 加文·马克斯韦尔（1914—1969）：英国作家，博物学家。1956 年，马克斯韦尔的好友送给他一只水獭，他将这只水獭带回伦敦，后又带着它去苏格兰的桑代格岛居住。可惜水獭在野外游玩时不幸被当地工人打死。1960 年，马克斯韦尔根据这段经历撰写了《闪亮的水环》（*Ring of Bright Water*）一书。此后马克斯韦尔又收养了两只水獭。

难以忘怀。而它再也不会无忧无虑地去那座小岛上冒险了。

我们没什么好说的，回到船上，继续沿河而下。在这条处于成熟期的河流上，我们还有好几英里要航行，去探索沿途的各种深潭幽水。

生活在水獭身边并不意味着可以看到它们。它们大部分时间都行踪隐秘，而且常在夜间活动，悄无声息地在黑暗中潜入潜出。我们确实看到过它们，但都是在白天，而且往往很短暂，完全不可预测。但我们也清楚它们一直都会拜访我们的地盘。我们设置在湖坝桥下的陷阱相机曾经拍到过它们。我们看到过它们在小溪边缘常去的石头上留下的充满鱼腥味的粪便；泥泞的小道上有它们的足印。我们也常常发现它们杀戮的证据：被拖上岸的鲑鱼，有些部分已经被吃掉了；漂浮在池塘水面上的青蛙和蟾蜍皮；甚至还有我们养的鸭子的残骸。

露西养了 40 只母鸡，12 只珍珠鸡，和大约 12 只柯尔鸭、康贝尔鸭与印度跑鸭。它们有自己的围栏、池塘和安全的禽舍，而且我们每天晚上都会一丝不苟地将笼舍锁好，以保护它们免受狐狸、松貂甚至狗獾——以及非常罕见的水獭——的毁灭性袭击。

不久前，我们得到了一只血统不明的可爱家鸭（不过我认为所有家鸭都可以上溯到绿头鸭）。它通体纯白。就算它有名字，我也早就忘了。现在为了方便讲述它丧命的过程，我暂且将它称为“杰米玛”——我想它一定和杰米玛·帕德尔鸭[1]一样天真无邪。一个春天的傍晚，杰米玛在它们围栏的铁丝网上发现了一个洞（可能是被狗獾扯开的），它从这里摇摇摆摆地走出去探索世界。它穿过农场的小路，发现了小溪。水流撞击在石头上的叮咚声无疑对鸭子十分有吸引力。这个水潭里可能有多汁的水生昆虫的幼虫和其他美味。杰米玛不知道的是，大多数晚上水獭都会离开河岸，沿着小溪上行，去水潭捕鱼。

虽然可以吃掉它们，但水獭通常对鸭子或母鸡并不感兴趣。小溪流经之处距离围栏只有几码远，但家禽与有规律的人类活动之间的关联已经足以让水獭与它们保持距离。

那天晚上露西巡视的时候并未发现杰米玛不见了，她赶鸡鸭回窝，然后把它们都锁了起来。杰米玛开心地躲在小溪里我们看不见的地方，在那儿小溪与我们通往湖泊的农场小径保持平行。夜色温柔地降临。一只水獭从河里上来，它沿着小溪穿过主干道下的涵洞，向上穿越十几个水潭，穿过杂草丛生的农场池塘，到达了小径旁的第二个涵洞。当它从涵洞上来时，杰米玛在它看来就像是一面白旗一样闪亮而耀眼。然后就再也没有杰米玛了。

次日早晨我发现了证据。一团毛茸茸的白色羽毛在小溪岸边飘扬，在水塘边，我还看到一块新鲜的水獭粪便，里面含有更多羽

1 《彼得兔的故事》一书中的角色，是一只天真可爱、很容易上当受骗的鸭子。

毛。但我完全看不到尸体，头部、鸟喙、鸟足或身体一概全无，对此我并不惊讶，因为在这桌盛宴上还有其他食客：鵟、红鸢、松貂、狐狸和狗獾，以及无处不在、观察力极强的冠小嘴乌鸦，它们都能抢走任何可以获得的食物并带走。现在，露西晚上都会清点家禽的数目。

7 月 10 日：下午两点半

那天早晨平静而明媚。然而这看似充满希望的一天很快就被打破了。我的手机响起。我们的一位年轻护林员路易斯报告说，有访客在湖边看到了一只水獭。他认为它伤得很重，头上有血。“它还在那儿吗？”我问。“我想是的。”路易斯回答道。

水獭常去我们那儿的水塘。那儿有健壮的野生褐鳟，但我们还做了点补充，每年春天我们都会为本地男孩的小小钓鱼协会投放一些人工养殖的虹鳟。水獭和鹗很快就会发现这一轻松捕鱼之处——野外中心的访客们非常喜欢看到这样的场景。

我前去查看。水獭蜷曲在岸边，非常显眼。当我到达时，它滑入了水中，在我能看清它的头部之前潜入水下。它在水下游向水塘的另一侧。水獭是游泳健将。它们游泳时会吐出一串串气泡，而这通常是你遇到它们时能看到的全部。它们非常善于藏匿。我用望远镜观察气泡的轨迹。它穿越水塘，向圣水屋的方向游去，在我看来它游得比正常情况更慢，气泡比我预期的更加密集地撞在一起。圣水屋那儿的甲板和码头都露在水面上方。我围着湖岸快跑起来，希望在它再次上岸前赶到那儿。我们的朋友马里昂·马歇尔是一位热衷于野生动物摄影的摄影师，当时她正好在甲板上，坐在那儿晒太阳。“水獭，”我到了后用手指着轻声告诉她，“往这边游过来了。”

这只水獭在甲板下面上了岸。我们只能通过木板间的缝隙来判断它的动态。在闹腾腾地企图看到它的过程中，我认为我们已经打扰了它，它再度回到水中，从水下游走了。我们只能再次追随气泡。现在我可以确定这些气泡比以往更密集，也就是说水獭确实游得比平时更慢。我还注意到气泡是一簇簇地冒出来的，而平时水獭吐出的是一个个间隔均匀的气泡。这让我意识到这只动物可能呼吸困难，它的呼吸不规律且不均匀。

令我们惊讶的是，在往水塘里游了几码之后，这只水獭突然右转，向岸边游去，这进一步说明它可能真的受伤了。它上岸的地方距离我们只有 15 码。它爬上满是青苔的水岸，开始擦干自己。马里昂和我都被迷住了，能与野生水獭有这样的近距离接触让我们十分兴奋——直到我们看到它的头。

“看上去好像有人用斧子劈了它的头。”马里昂小声对我说。确实如此。它的左眼上方有个开放的创口，一直延伸到它的左耳旁。我用望远镜观察，马里昂用的是她强大的相机长焦镜头。快门飞速地响了五次、六次、七次。水獭用苔藓擦拭着它头部的伤口，我敢肯定它知道我们就在那儿，但它似乎并不在意。显然它十分不舒服。马里昂在相机屏幕上调出照片，把它们放大。她倒吸了一口气。我俩都吓得说不出话来。

故事可能要从这里讲起。1990 年，苏格兰新成立的自然环境政府机构苏格兰自然遗产（Scottish Natural Heritage，下文简称 SNH）就在苏格兰地区重新引入河狸（*Castor fiber*）一事进行了公众咨询。69% 的公众表示支持。出于合理的生态考量，已经有十多个欧洲国家成功地重新引进了河狸。随后，SNH 向苏格兰议会建议开展重新引进的试验。政治家们通常需要好几年时间才能克服种种困难去批准这样的试验，因此早已深受鼓舞的我们便着手在艾加斯湖开展封闭的河狸示范项目，感兴趣的团体和利益相关者，如农民、林农和渔民可以来此地了解河狸的生态，看看河狸会对它们的栖息地造成怎样的影响。在开始该项目之前，我们请河狸专家对这片湖进行了检查。事实证明，这是一个理想的地点，非常适合河狸栖息。

2006 年，我们从英国的一家野生动物园引进了一对巴伐利亚河狸。它们很快就在这里安顿下来，为自己建造了一个巨大的穴；接下来的几年里，这儿堆积了大约 20 吨圆木、树枝和泥土，形成了一个庞大的椭圆形土丘。它们繁衍生息，到 2008 年，我们已经有了一个发展势头良好的野生河狸群落。它们的围场范围广大，被圈了起来，包含 50 英亩的混合林地，但河狸很少离开超过它们所在水域五六十米的地方，因此它们可能从来都不知道自己是被圈养起来的。

河狸的领地意识很强。为了防止它们相互打斗和杀戮，我们在一岁的亚成河狸性成熟之前就把它们抓起来，再将它们运往英格兰的野生动物园。

回到 20 世纪 90 年代，那时我刚开始在挪威研究河狸，我以为河狸的巢穴里会有一个很大的中心房间，由双亲和它们的孩子所共用。但很快我就发现事情远非如此。河狸的巢穴有一个水下入口，通向一个小小的前厅，这是河狸梳理毛发和存储食物的地方。而在这个前厅后面又分出几条狭窄的隧道，分别通往小而分散的内室，那是河狸睡觉和产崽的地方——这是它们的一种生存策略，因为这样一来，就算棕熊或貂熊等食肉动物掘进巢穴，它们也很难找到藏有幼崽的内室。

河狸幼崽出生时个头很小，但已经长出毛发，因为它们在子宫内已经发育完好。它们要到六周大时才会离巢，在此期间它们很容易被捕食。有资料显示，和熊或貂熊等强大的挖掘者不同，水獭能够直接从水下入口进入巢穴，通过嗅觉找到幼崽。事实就是：水獭经常杀死并吃掉河狸宝宝。

当人们问我“一只成熟的河狸有多大?”时，我会回答:“想象一下肥胖的西班牙猎犬。”河狸是一种巨型啮齿类动物，有时可以长到 35 千克。它们还有锋利的凿形门牙和强有力的下颌，能够咬断大型硬木树木。现在你可以料想这个故事的发展了。我们的水獭犯了一个可怕的错误。

马里昂和我仔细查看了照片。它的头顶上明显有河狸门牙的牙印，开放性的伤口穿过皮毛和血肉，头骨与脑膜，大小与河狸在桦树上留下的咬痕完全一致。那只不幸的水獭的大脑清楚地暴露出来，大小如一块姜味饼干。除此之外，这个故事的其他部分都是我们的猜测，但可能性非常高。

那个伤口完全没有可能是在开阔区域造成的。我曾经目睹过河狸和水獭在岸上的多次冲突，结果都不了了之。水獭行动敏捷，不会被河狸抓住，而河狸也没有攻击性，宁愿溜到水里消失。有关河狸和水獭的科学文献中充斥着这样的交锋。没有脑袋正常的水獭愿意和一只成年的大河狸打架。但也有文献记载，当成年河狸不在家时，水獭的确会潜入它们的巢穴。我们认为目前的情况就是如此。

这只庞大的母河狸——我们没称过它的体重，但它确实很重——在进入狭窄隧道时与水獭狭路相逢，并且堵住了隧道，而这是水獭唯一的出口。水獭仓皇逃跑，它可能想从河狸身旁挤过去，或者从它身下钻过去，但这却给了河狸一个机会，在水獭的脑袋上狠狠咬了一口。

这只水獭受的伤是致命的。没有任何哺乳动物可以在大脑感染的情况下存活太久。难怪它呼吸困难，用头在青苔上磨蹭。我敢肯定它不久就死了，可能死在我们看不见的地方，蜷缩在湖周围许许多多长满青苔的坑洞的某一个之中。如果能够对它进行解剖就好了，但我们进行了大量搜寻，始终没有找到它的尸体。

6 月

夏至日不知不觉地过去了。漫长的白昼意味着我们的客人可以在大白天看到松貂、河狸和狗獾出没，甚至是在阳光下，然后一直看到傍晚。这个星期，野外中心热闹极了，有三门课程同时展开：一是艾加斯野生动物；二是探索壮丽高地山脉的高级徒步课程；三是野花课程。我主动提出帮助讲解普通野生动物。

每年这个时候到访艾加斯的客人们都希望看到高地知名的亮点物种：金雕、游隼、马鹿和狍子、松貂、河狸、水獭和鹗，以及其他许多鸟类。在一个观鸟周里，我们通常可以记录到一百多种不同的鸟类。人们看到当地特有物种时会非常兴奋：角䴙䴘永远是人们的最爱，它们眉头上夸张的饰羽和复杂的求偶舞蹈总是看得人眼花缭乱。

天亮得太早。我们年轻的护林员们明显不愿意在大清早带队前往 15 英里外的比尤利湾海岸，因此我提出代替他们带队。客人们都兴致勃勃，只要是能带来好收获的事情，他们都愿意去做。哪怕我告诉他们，我们必须在凌晨三点半前出发，他们依然点头应允，虽然看着没那么热情。黎明已在不知不觉中写入了我的基因。我喜爱黎明。无论在什么季节，黎明时分的我比一天中的其他任何时间都更加清醒，更有活力，更加警觉。

我躺在床上，看着东边光线如薄雾一般，悄无声息地照射过来。大厅的大钟只敲了两下，声音低沉而洪亮。我们的卧室朝南，因此在黎明铁灰色的光线悄悄移过草坪之时，房间里依然一片漆黑。再过一个小时，室内才能真正亮起来。露西还在熟睡。我慢慢地下床，就像涨潮时的海豹从岩石上滑下一样。为了不吵醒她，我拿起衣服去走廊里穿好。我的两条狗，黑色的拉布拉多犬巴斯特和杰克罗素梗塔克正在厨房里疯狂地摇着尾巴迎接我。巴斯特还会现场来上几个回旋以示欢迎。它俩也很喜欢黎明。我边啃燕麦饼边烧水，然后泡茶。

外面凉爽而宁静。太阳还未完全升起，但我可以看到它出露的光芒在艾加斯和布莱克半岛之间的山丘上勾勒着树林那锯齿状的边缘，我们待会儿就要前往那儿。在这样的清晨，我的脑海里浮现起华兹华斯的那首了不起的《威斯敏斯特桥上》：

> 大地再没有比这儿更美的风貌：
> 若有谁，对如此壮丽动人的景物
> 竟无动于衷，那才是灵魂麻木[1]

狗冲在前面，欢快地在每一丛草上面撒尿。我们穿过花园来到田野，去看望我的那匹高大的克莱兹代尔母马奎妮。它趴在地上，四腿蜷在身下，在一片沾着晨露的水仙黄色的匍枝毛茛花海那头注视着我们到来。其他几匹马已经站了起来，在几码之外安静地吃着

1　译文引用自杨德豫译本。

草。狗还在嗅来嗅去，执行着它们自己的任务。奎妮没理睬它们。两只乌鸦从高空掠过，轻巧地挥动着平展的翅膀，没好气地相互嘎嘎叫着。

在大约200码之外奎妮和狗看不见的田野的底角，我发现了一只狐狸纤长的身影。透过望远镜，我看到这只狐狸轻快地走在草地边缘，不时停下来闻一闻草丛里的什么东西——是黎明时分转瞬即逝的身影。我猜想这只狐狸也许是那两只乌鸦吵嚷的对象。乌鸦什么都不会错过。几秒种后，它不见了，消失在隔开田野和主路的茂密的山楂篱笆丛中。我看了一眼手表，快三点了。是时候回头了。

我的七位客人虽然睡眼朦胧，但还是准时到达了小巴车停放的地方。我们登上这辆可靠的老式大众车，安静地沿车道滑下坡，驶上主路。半个多小时后我们才到达前滩。乘客们都一言不发，一位来自马瑟尔堡的中年女教师盖尔已经睡着，她差不多一上车就昏睡了过去。我猜想她不常这么早起床。当我们驶向峡谷时，一两只狍子飞奔过我们身边，以美妙的姿态跳进了树林。

到达狭湾之后，我们又沿着海滩旁的单行线行驶了半小时，每前进几码就停下来细细搜索海岸。太阳出来了，而且升得很快，灼热的光线自东边而来，在平静的海面上洒下一波波水银般的光彩。泥滩像潮湿的金属一般闪着光。空气中充满了鸻鹬凄厉的叫声。在距离我们不远的地方，一些杓鹬正在深色涨潮线上的枯草丛间搜寻食物。泥滩上，在闪闪发光的潟湖之间，各种涉禽正在悠闲漫步，包括蛎鹬、杓鹬、斑尾塍鹬和一两只青脚鹬。我们停下来，拿出望远镜扫视。盖尔已经醒了，但看上去脸色苍白。她费力地调整望远镜对焦。在狭湾的远处，鸬鹚排成一列停在泥滩上，它们将翅膀垂下晾干，看上去就像是纹章上的狮鹫格里芬。此外在更远的潮水处，还有几只小小的鸻鹬，可能是黑腹滨鹬，不过太远了，没法看清。再后面就是萦绕着海雾的远山了。我们继续前进。

没有风。潮水向我们涌来，荡起层层细小的涟漪，在阳光下形成一道道平行的银色细线。空气清新，带着点咸味，蛎鹬的尖叫与红嘴鸥的喊叫声交织在一起，有时还间杂着杓鹬激动的歌声。客人们友好地交谈着，他们很高兴能够通过望远镜看到青脚鹬。这只鸟一动也不动，它用一条腿站立，另一条藏在身下。“它只有一条腿。”盖尔咕哝道。“别傻了。”本笑着友善地说道。他是一名退休铁路工程师，也是个热忱的鸟类爱好者。“它这是在休息。它们就是这样睡觉的。”他们回去登上小巴车，我们慢慢地沿着狭湾继续行驶。

过了一会儿，我从眼角的余光看到，在我们前方很远的水中，一个黑色的脑袋在开阔的海湾里随着微微荡起的波浪上下浮动。但距离太远，我无法确定它是什么。也许是一头港海豹？我决定什么也先不说，毕竟我们正在向那儿驶去。

我知道他们可能想看港海豹，但我希望那是一只水獭。我隐隐觉得它可能就是。它很小，只是一个小点，在潮水轻柔的起伏中几乎看不见。我开得非常慢。它消失了，不过它一定在那儿的某处。

接着它又现身了，现在距离更近一些了。我快速将车驶上会车位，然后用望远镜搜寻。它确实是一只水獭，但离我们还有些距离。当它再次潜入水中时，我看到了尾巴在消失之前明显的抬升和几乎垂直的下滑。一只捕鱼的水獭。我知道这是我的客人们最想看到的。一位名叫迈克的眼神绝佳的退休长者在后面说道："那儿可能有一只海豹。"说这话的时候他指着那儿，语气不太确定。"可能吧，"我回答道，"让我们过去看看。"我不想让他们对此抱太大希望。

前方有一条非正式的碎石路，直接通往海岸。这条路看上去是当地钓鱼者偶尔乘船下水的地方。我认为这是我们可以到达的距离水獭最近的地方。"请小心、安静地下车。"车门在低沉的隆隆声中合上了。我们背靠小巴的一侧排成一排。使用望远镜时背后有东西可以倚靠是非常棒的，而且这样还能掩饰我们的人类形态，起到一定的隐蔽作用。我在三脚架上架起望远镜。

"那不是海豹，是一只水獭。"我轻声说着没必要的话，鼓励大家尽量保持安静。一阵窸窸窣窣的兴奋声传来，好似狂风掠过。来自海伦斯堡的珍妮说道："在哪？在哪？"迈克指引她看向水獭方才入水留下的水波。

趁它下水的工夫，我再次调整好单筒望远镜。"它会靠近吗？"盖尔问。"希望如此。"我低声道。这只水獭下水待了很久。而我们的感觉比实际时间更久，也许有一分半钟。在我将望远镜对准它之前，它又直挺挺地下水了。水下一定有什么东西让它这么忙活。接下来是一连串的快速下潜，看得令人沮丧，它下水的速度之快，以至于我们中有一两个人都没法及时用双筒望远镜对准它。“可别再这样了。”盖尔叹息道。

我们又看了二十分钟水獭捕鱼，但它显然没有成功。一群海鸥从上方飞过，盘旋着飞向云端。我们的水獭正非常缓慢地向岸边靠近。“哦！快看！”另一位来自湖区的园林设计师乔治指着左侧更近一些的地方说。我可以感觉到大家都变得很兴奋。这是第二只水獭，也在潜水。

“你们都盯好这只更近的，我去跟踪第一只。”他们似乎都乐于服从。我放弃了单筒望远镜，只用双筒望远镜来观察。上浮，下潜。再上浮，再下潜。两只水獭都慢慢地向我们靠近。我预感它们可能会上岸。大家兴奋地小声交谈着。时间一点一滴地流逝。接着一切都变了。

我观察的那只水獭带着一条鱼浮出了水面。我看不清是什么鱼，不过这确实是个不错的收获，也许是一条鲻鱼。我看到鱼在水獭的嘴里蠕动，尾巴疯狂地甩动。它也可能是一条鲑鱼的小幼鱼。它的大小适中，身体中段被水獭那令人过目难忘的锐利尖牙紧紧咬住——这种牙齿构造尤其适合抓鱼。“我的那只抓到鱼了。它朝这边来了。”所有人的注意力都转向了我的这只水獭。

水獭在海上吃鱼并不容易。我曾经看到它们潜入水中捕蟹，在海面上大口吃掉它们，然后再潜入水中。但是鱼越大，就越有可能要上岸才能吃掉它们。这一次我们所在的位置恰到好处。两只水獭都径直向我们而来。看起来我跟踪的那只会在我们的面前上岸。鲻鱼——如果是鲻鱼的话——从它下巴两侧突了出来。我们安静地看着，直到盖尔终于用她的双筒望远镜对准了它并惊呼道："我的天！它朝我们来了！"

第二只水獭先上了岸，开始在长满墨角藻的小圆丘上擦干身体。每隔几秒钟，它就会坐起来，深邃地凝视那只叼着鱼的水獭。它离我们只有30码远，但并不知道我们就在那儿。第一只水獭在海面上向我们游来。很明显，这两只水獭相互认识，我告诉大家，我认为叼着鱼的那只是雌獭，第二只是去年长大的幼獭。当然这只是一种直觉，不过可能性很高。幼崽，特别是雌性幼崽，可以一直和它们的母亲待上一年多的时间。

一只鹭鸟沿着海岸飞得很低，在距离潮水上方大约15英尺的地方缓慢盘旋。我看到它从很远的地方飞过来，翅膀有节奏地拍击着，脖子整齐地折叠在长长的尖喙下，双脚在身后伸得笔直。"小心鹭鸟！"我对大家说道。这只大鸟滑翔过来，好像要登陆，接着便看到了岸上的水獭。它从喙里发出一声尖锐而刺耳的咒骂声，然后很不体面地振动翅膀，掠过水面飞走了。我明显感到鹭鸟并不喜欢水獭。

尽管我曾看过许多次野生水獭，我依然能感到一种不断上涨的兴奋感，这种兴奋感的产生既是因为我的客人们，也是因为我自己。

野生水獭可以攫住你的注意力，让你全神贯注，而且不会走神。它们灵活自如，散发着迷人的美感。你无法忽视任何一只水獭。我们自然更不会将视线从两只水獭身上移开。一行人安静下来，变得鸦雀无声。抓鱼的水獭已经上岸，正向海滩走去。“不要动你们的相机。”我敦促道。现在我们可以看到这两只动物体型上的差异。我的直觉可能是对的。

一只冠小嘴乌鸦飞了过来，停栖在安全距离之外的一块岩石上，阳光在它粗壮的黑喙和鸽灰色的上背部闪耀着光芒。冠小嘴乌鸦绝不会错过任何热闹。它们是反派角色，是调皮捣蛋的食腐鸟类，是北方的秃鹫。这只鸟已经看到了鱼，希望能捞到点什么。如果我们都在一场核弹浩劫中丧生，那么当尘埃落定时，我敢肯定一定会有冠小嘴乌鸦在我们烧焦的尸体上觅食。它站在那儿张望，等待着时机。

幸运之神偶尔会眷顾勤奋的人，那些有耐心并付出额外努力的人时常会获得真正的回报。要求他们在凌晨三点半起床是个不简单的要求。这样的付出得到了回报，为此我感到一丝欣慰。这段经历他们会回味很久。雌獭叼着鲻鱼在海滩上蹿来蹿去，小水獭在后面紧追不舍。（我确定它叼的是一条鲻鱼，它们在狭湾十分常见，我们还看到过鹗叼着它们飞到艾加斯河旁的鸟巢里。）一开始，它似乎并不愿意分享它的收获。它转过身去，在不断接近我们的同时打着转，这样它的幼崽就没法靠近了。在它的妈妈走来时，我们可以听到幼崽发出的微弱的吱吱声。它似乎在乞求妈妈分一口吃的。这只雌獭现在距离我们只有投石之遥，最多只有十到十二码。“千万别动。”我低声说。相机的快门还是咔咔响。

我们听到了清脆的响声，那是雌獭咬断鱼鳃后面的脊柱的声音。幼崽靠得很近，低声呜咽着。雌獭咬了一大口下去，它晃了晃脑袋，一大块鱼肉从它的口中掉了出来。它转过身大口咀嚼。那只幼崽迅速抓起剩下的鱼。它背对着我们，但我们能听到鱼肉撕裂的声音和湿嗒嗒的咀嚼声。这只幼崽饿坏了。水獭母亲转回身来，抓住鱼尾。在短促的大力拉扯下，鱼被撕裂了。现在这两只水獭都得到了一大块鲻鱼。鱼头已经分开，摊在它们一旁的野草上。冠小嘴乌鸦跳了过来，黑溜溜的眼睛闪闪发亮。

就在此时，退休大叔迈克没憋住他的喷嚏——虽然他尽力了。两只水獭都停了下来。雌獭立起身子，像伶鼬一样用后腿垂直站立，向我们所在的方向张望，满脸疑惑地探查着。它的胡须像扇子一样扇动着。它并不知道我们在哪儿，现在也弄不清自己听到的是什么。我们都僵住了。有那么一瞬间我以为我们搞砸了。然而黑色的鸟喙和羽毛一闪而过，那只冠小嘴乌鸦冲了下来，飞快地抓走了鱼头。它带着自己的战利品飞回远处的岩石，为我们挽回了局面。两只水獭的注意力又都回到了剩下的鲻鱼身上。

我们看着两只水獭用 11 分半的时间将那条鱼吃得精光。在近一刻钟的时间里，我们因为水獭——这种大自然中最狂野的动物之一——的进食行为而惊叹不已。这种觅食场景着实难得一见，而且距离比我们所期待的都更近。

它们俩在杂草里兴奋地滚了几分钟，先是揉搓后背和侧身，从一侧的脸颊推挤自己的脑袋和脖子，然后换另一侧，蠕动着钻进海草丛中。等它们钻出来的时候，头上缠绕的东西看着就像是一款造型疯狂的发型。它们继续抓挠翻滚了一番。接着它们相互靠近，给彼此梳理。幼崽在阳光下的一块岩石旁蜷起身子，看上去就要睡着了。它的妈妈则坐在一旁，凝视着大海。

我敢肯定，这种翻滚是有一定作用的。水獭必须不断晾干自己和去除盐分，从而让自己细腻如丝的皮毛保持防水功能，维持一个好的状态。但对我们这些安静的观察者来说，这种滚动的意义远不止于此。它诉说着成功饱餐后身体的满足，诉说着母爱和孩子温柔的依顺，诉说着两只野生动物无忧无虑的纯粹快乐。它们没有察觉到人类的存在，不受干扰，不受威胁，在自然栖息地和平共处。

又过了几分钟，它们悄无声息地滑行，返回了狭湾。我们最后看到的是两个闪闪发亮的黑脑袋，在灿阳照耀下的涟漪中一浮一沉地远去。我们默默地目送它们绕过海岸线的弯道，直到它们消失在视野中。此时已经是清晨六点过五分了。

第六章

死 亡

两起死亡事件。一只水獭被河狸咬伤而惨死，一只年轻的雌性狗獾被路杀。前者是命运的意外，后者则是人类对狗獾乃至所有野生动物破坏性支配的后果。我对这两起死亡事件都不震惊。但我伤心的是一只正值壮年的年轻狗獾就这样被车当场撞死，我遗憾的是一只健康的小水獭可能不得不缓慢地，而且也许是非常痛苦地死去。我不可能不这样想。如果你与野生动物打了半个世纪的交道，便不可能不关心动物个体。那只狗獾的死亡是可以避免的，因而更令人伤感。水獭的死与我没有直接关系，但将水獭引进我们这儿的湖的人是我。不过既然河狸和水獭已经在湖泊和河流中共同生活了几百万年，要让我为一次命运的意外而承担责任也不太说得过去。当然，虽然从生物学角度看这很有意思，但我还是希望它没有发生。

对这样一只漂亮的、演化得极为精巧的水獭来说，这实为一个悲惨的结局。

现在请冷静一下。人类是一种情感丰富的物种，我们中的大多数人都经常会受到各种曲折意外的激荡，这些事情或好或坏地影响着包括我们自己和他人在内的个人生活。但大自然丝毫不会在乎这些。有时候我们很有必要考虑这一点。无论如何，这不是故事的结局，而只是一个插曲的结尾。

演化的进程不会在乎你我，水獭或狗獾，也不会在乎它们是怎么死的。大自然也不会关心你我何时或如何死去。自然比我们所有人和我们所有的情感加在一起还要宏大，而且更加无情。在大自然的宏伟计划中，痛苦和残忍不值一提，那句老话说得完全没错——“自然的爪牙染满了血”[1]。

我们人类总是看重个体，而且我们也乐于如此。我们了解痛苦，我们也亲身或间接地承受过痛苦。我们都是拥有各自敏锐情感的个体。但在大自然中，你和我什么都不算。个体可以被彻底牺牲，这个普遍的真理令我们深感不安，宁愿无视。这是我们与自然界中其他大多数生物的主要区别之一。自然是幸运的——它完全无痛无忧。

情感让我们团结在一起。我们演化出情感是有原因的。它们是

1　原文为：Nature is red in tooth and claw。这句有关自然的表述首次出现在英国作家丁尼生的挽诗《悼念》中，诗人以这部作品纪念他不幸溺水身亡的好友，同时也表达了对生活的本质和人类命运的思考。

每个人活跃激荡的心灵电流。在耶稣基督诞生的500年前，埃斯库罗斯就曾深思熟虑地说过："情感是灵魂安栖之所。"作为希腊悲剧之父，他深谙情感之道。母亲在"情感上"关心自己的孩子，正如我们可以肯定雌性水獭在"情感上"照顾自己的幼崽一样。在我的有生之年，研究动物行为的动物行为学已经取得了长足进步。我们终于意识到并接受了这样一点，即大多数高等动物都具有与我们相似的情感。

鲸鱼、海豚、大象、黑猩猩以及水獭都会表达悲伤，悼念逝去的同类。因此我也相信许多其他动物也或多或少地会这样做。大猩猩和黑猩猩等社会性极强的动物会公开展现自己的情感，同时依靠情感来发挥群体的功能。这是自然世界演化的一大悖论：大自然虽然丝毫不在乎我们的个体，但却给我们这么多的个体注入了如此强大的情感。也许这才是我们在生命中的真正职责——去完成属于自然的那一份关怀。

我们需要冷静下来，因为有时候情绪会阻碍我们的逻辑思考。埋在三英尺宽的坟墓里的狗獾，抑或蜷缩在岸边空穴里的水獭尸体，它们都是大自然宏大计划中不可或缺的环节：让养分回归它们最初的来处——土壤。

如果现在，过了这些年后我把这只狗獾挖出来，我只能找到一块头骨、一些骨头、毛发和它的牙齿——这是最后才会分解的身体部分。狗獾的其他部分已经在分解过程中喂养了数百万其他生物。有活力的土壤包含数十亿微生物。（最新的研究表明，每平方米土壤中含有多达 20 万条线蚓、8 万只弹尾虫和 3 万只螨，以及多到难以计数的线虫。）蠕虫和甲虫是先遣队，它们启动了这一过程。但很快，尸体周围的土壤就会变成微小生物的大杂烩，它们吃掉狗獾的血肉、脑子和体液，然后消化并排泄，直到它们**看上去**消失了为止。

但可别被愚弄了。大自然比这聪明得多。实际上任何东西都没有消失。它们只会被循环利用。那些营养物质和复杂的有机化合物可能再也不会直接重组成狗獾的样子，但可以肯定的是，那些曾以这只狗獾为食的蠕虫和虫子迟早有一天会以这样或那样的方式被狗獾吃掉——甚至吃掉它们的可能正是那只雌性狗獾的后代，从而完成所有生命最基本的循环。

甚至在我写这本书的时候，距离马里昂目击那只濒死的水獭才过去一个星期，覆葬甲早就嗅到了尸体的气息，并已经在尸体上产卵，用尸体喂养它们的幼虫。如果这只水獭选择的坟墓恰好是露天的，那么苍蝇就会飞来，在暴露的大脑、瞪大的眼珠、耳朵、鼻子和嘴唇等任何暴露在外的软组织上产下数百粒卵。苍蝇卵在夏天只需几个小时就能孵化，水獭的头骨上现在很可能蠕动着饥肠辘辘、胃口贪婪的蛆虫，它们埋头大吃，消化着血肉与大脑，一丝不苟地执行着大自然无情的还原计划。我相信，就像发生在狗獾身上的事情一样，这些苍蝇中的一些迟早会被湖里的鳟鱼叼走，还有一些终有一天会被路过的水獭抓住吃掉，这些都已写在大自然的宏图之中。生与死都是生存赌局中的运气棋子，对此我们应该牢记于心。

☆ ☆ ☆

博物学家通常不仅要观察和识别野生动植物，还必须了解它们对栖息地的复杂要求——包括它们特殊的行为和生长模式，繁殖或筑巢的条件等。近 50 年来，我一直在努力寻找答案。但我发现的都是问题，而问题又会引发更多问题。这正是博物学的迷人之处。即使经过数十年的观察和求索，即使经历了数千小时的实地考察和长达数天的静坐，在禅宗般的无意识状态下入定，问题还是不断涌现，而且从未停止，无穷无尽。

为什么某些植物只生长在特定的栖息地？每年六月，一种散发着帚石南香气的兰花北极手参（*Gymnadenia borealis*）[1] 会在小湖上方的土地上开放，而且总是如此。几年前，就在那个地方，我设置了一个小型木头标记，这种植物选择在那儿竖起完美的花茎，30 朵异常精致的淡粉紫色小花簇拥在一起，形成一个小小的、简洁利落的圆锥花序。每一朵花都拥有精致的细节，而且散发着阵阵令人无比陶醉的夜晚芬芳，一种捣碎了的橙子混合着一丝香草和洋甘菊气息的味道。它们总是生长在同一片有点儿像湿地又长满草的地方，从来没有向北、向南、向东或向西移动过超过三英尺，而且在几英里

1 一种手参属植物，英文中称为 heath-fragrant orchid，即散发帚石南香气的兰花。目前尚无对应的中文名，结合其种加词暂译为北极手参。

之外的地方就没了踪影。这是为什么呢？这里到底发生了什么？难道它不希望像我能想到的其他植物一样结种、传播和繁殖吗？到底是谁限定了它完美精准的生境？我被难倒了。

为什么有些蝴蝶和蛾子的毛毛虫对特定的取食植物情有独钟？我还记得自己惊讶地发现红襟粉蝶在常被称为杜鹃之花（cuckooflower）的常见野花草甸碎米荠的每根茎上只产一枚橙色的卵，大小比针头还小。为什么不产更多的卵呢？这是因为毛毛虫实际上需要一整株植物吗？还是因为这样的植物很可能被牛啃食，而损失一粒卵总比失去许多要更好？雌蝶是不是真的知道自己不能让所有的卵都被一头牛吃掉？说得通。

为什么我们的松貂每年秋天都要大口大口地吃花楸树的浆果？难道它们无所不包的杂食食谱极度缺乏维生素 C，以至于一旦花楸果成熟，它们就不得不全情投入地吃起这些又酸又苦的浆果来？（千万别尝试，这种果子的味道很恶心，那种收涩的苦味可能需要几个小时才能从你的嘴里消失。）为什么它们对我们来说这么难吃，但对松貂却如此有吸引力？到底是什么让它们选择将夹杂着花楸果的粪便排放在栅栏柱顶和巨砾上呢？

为什么我们那些非常引人注目的凤头山雀（*Lophophanes cristatus*）会如此钟情于松林？而且还是古老的松树林。松树上是否有它们无法割舍的特殊虫子？如果有，是什么呢？为什么这种挑剔的山雀或它们取食的虫子不愿意冒险进入相邻的美丽的桦树林呢？是什么阻碍了它们？

半英里外的比尤利河里的水獭怎么会这么快就知道，我们每年春天都会向湖里投放肥美多汁的养殖虹鳟鱼，供本地男孩组成的钓鱼团队享用？难道有什么带着鱼腥味的邀请函顺流而下了？还是这只是一种巧合，是水獭天生的机会主义和好奇心驱动它们在一天之内就到达湖边查看情况，碰碰运气吗？

为什么狗獾的领地意识如此强烈，以至于它们在发生冲突或相遇，甚至在交配时都会残暴地对待彼此？我们几乎从未见过脸部、耳朵、脖子和臀部没有伤疤的狗獾。难道它们的生活真的如此艰难，以至于它们不得不相互殴打？难道如果不对自己的同类实施盲目的暴力，就没有足够的挑战来成为一只狗獾吗？

也许对所有博物学家和野生自然的研究者来说，最大、最迫切的问题可能是我们人类为何如此狭隘。为什么在经历了几个世纪的珍贵野生动物的损失之后，我们还是没有学会如何与世界上的其他生物共处？为什么我们还是不明白，我们之所以需要它们，不仅是出于我们自己的理性，也是因为它们为我们这个物种本身带来了诸多好处？

我清楚地记得，当我还是一名年轻的生态学学生时，已故的了不起的弗兰克·弗雷泽·达林爵士曾经告诉我，拉丁语动词 conservo 是我们所使用的“保护”（conservation）一词的词源，它的本意是“我维护”。好吧，我们当然没抓住那样的机会！毕竟过去我们维护自然界各种事物的做法都相当令人震惊。在整个自然保护的历史上，我们的行为往往都是前进一步又倒退两步——即使大自然的益处显而易见，也无法减缓人类贪婪和消耗的步伐。我们深知栖息地对所有野生动物的重要性，但除了零星分布在英国境内的几个自然保护区之外，我们真正关注的只有我们自己的栖息地。

☆ ☆ ☆

对愚钝的心灵来说，自然的种种都如铅块一般黯淡无光。

对受到自然启发的心灵来说，整个世界都在燃烧，闪耀着光彩。

——1831 年 5 月 20 日（日志）

拉尔夫·瓦尔多·爱默生（1803—1882）

我也诚挚地相信：

自然决不会亏负爱她的心灵。[1]

——《廷腾寺》（“Tintern Abbey”）

威廉·华兹华斯（1770—1850）

1 译文引用了杨德豫的译本。

后　记

每天早晨我都满怀着希望醒来，站在那扇敞开的窗前凝望。若要问我“你想要看到什么?”，我的答案是不知道。事实上我确实不知道，而且我认为我从未有过答案。我也从来没有对此多加思考，因为自然界的吉光片羽或早或晚都会像涟漪一般传播到我这儿，攫取我，拽走我。这就是野生世界的运行方式。它不眠不休，总让人捉摸不透。也许它本该这样，也许正是这种肆无忌惮的不可预测性，这种大自然极度精彩的创造力，为生活的点滴片刻镶上了金边。是的，不用你说我也知道，能和野生动物一起生活和工作是一件多么幸运的事情。

我的语言是报告文学式的：因为这就是大自然坦诚的表达方式，勇敢、大胆而惊人——但从不沉闷，从不自夸，也从不落入俗套。这是我在我们日复一日的日常，也就是在我们看来稀松平常的生活和工作中所看到和感受到的。对我来说，生活就是一本书，它的每个章节都充满了无尽的神秘和戏剧性。每天它都会随机打开，我从不知道自己读到的是哪一页。当我以为自己已经读完了某个段落时，它又会重新开始。这是一本充满渴望和憧憬的书，一本眼见才能为实的书，也是一本充满希望的书。

七岁那年，一位年迈的乡下老者告诉我，有只狐狸经常躲在花园尽头一棵大橡树树桩的树洞里。我去看了，但那儿什么也没有。几天后，我经过那儿，想再去看看。我将脑袋探进树洞，几乎将洞口完全塞住。这时那只狐狸迅速冲了出来。它的鼻子、牙齿、耳朵和脖子，它的肩膀和侧腹扫过我的脸庞，粗暴地将我推到一边。那刺鼻的动物气味充斥着我的鼻腔、脑袋和我的肺。这是我第一次真正与野生动物亲密接触——近距离的——那距离实在是太近了，也是我第一次与野生动物碰面。我永远不会忘记那令我心脏扑通直跳的时刻，它所带来的兴奋之情从未消退。

☆　☆　☆

我很想认识自然思想家中的开创性三人组，他们是 19 世纪的超验主义者：诗人沃尔特 · 惠特曼（1819—1892），散文家兼哲学家拉尔夫 · 沃尔多 · 爱默生（1803—1882），以及他们的门徒，博物学家、哲学家亨利 · 戴维 · 梭罗（1817—1862），后者是《瓦尔登湖》（*Walden*）的作者，曾在马萨诸塞州康科德（相对开化的）野外尝试过一种“简单生活”。但他们都有一个巨大的优势，那就是他们都可以体验广袤大陆上未经污染的荒野。在一位印第安向导的带领下，梭罗曾尝试攀登缅因州最高峰卡塔丁山，但以失败告终。他第一次体验到了真正的野性，在大受震撼的同时也感到恐惧。回到家后，他变了一个人。

这就是众人深入了解的那个世界，那个在“含混、古旧的幽暗”中被创造出来的地球。这里没有供人们嬉戏玩耍的地方，这里只是还没有被人们创造改变的小小地球。你不能将它称之为草坪、草原、林地、牧场、耕地、荒地或其他种种……人类和地球本没有什么太大的关系。地球又大又神秘……是岩石、树木和在我们脸颊上轻轻吹拂的小风！**坚硬的**地球！**真实的**生活！[1]

梭罗有关人类与野性之间关系的哲学著述多达 300 万字，在他去世 160 余年后，这些作品仍在印刷。梭罗被誉为现代环保运动的奠基人之一，但令人遗憾的是，我们就这样刻意地忽视了他的这些智慧。

爱默生的梦境令我魂牵梦萦：“我梦见自己自由地飘浮在天穹之中，我看见这个世界飘浮了起来……”难怪这个梦会令他目眩神迷，继而陷入神秘主义。现在，我们的确可以看到我们的世界飘浮不

1 译文摘自《缅因森林》(*The Maine Woods*)，路嵩译，北方文艺出版社，2019 年。

定，但我们需要为此感到的不是目眩神迷，而是羞耻。我们对这个世界做过并将继续做下去的一切不仅是可耻的，更是对智人（*Homo sapiens*）本应进化出的智慧的极大否定。

与这些超验主义者同属一个时代的另一位美国名人，来自马萨诸塞州阿默斯特的诗人艾米莉·狄金森（1830—1886）也许并没有刻意去表达，但她的诗行却与当今的困境惊人地契合。

我手拈一粒珠宝
然后进入梦乡
天暖、风闷
我说“它会保存妥当”
一觉醒来，我责怪忠实的手指
宝石已逃走
现在，一种紫晶般的记忆
是我的全部所有。[1]

在艾加斯，我们的工作就是尽最大努力揭开自然的神秘面纱，并与我们的客人分享它在野外的真实面貌。我们的口号是：“分享野生高地的奇迹。”（Sharing the Wonders of Wild Highlands.）这意味

1 译文引用自蒲隆的译本。

着既要分享好事，也要分享坏事；既要分享振奋人心的事件，也要分享令人震惊的遗憾。这意味着在赞美大自然永不停歇、无处不在的创造力的同时，我们也要揭露人类粗鲁无情地支配大自然的轻率行径。我们希望所有年龄段的客人都能全身心地享受当下，去观察、感受并吸收我们所剩的这些吉光片羽。我们希望他们能够带走自己的宝石。

9月14日

现在已是秋天。还有一周就是秋分日，白昼每天都会缩短六分钟。我们在晚上七点半把鸡鸭赶回窝时，天已经黑下来了。露西担心食肉的野生动物会出来觅食——她的担心不无道理，因为她还深深记得杰米玛·帕德尔鸭的遭遇。昨天傍晚，一只狗獾把我们的波兰厨师吉尼亚放在室外准备喂鸡的厨余桶翻了个底朝天。这只狗獾吞下了大半个桶的东西。夜幕降临，当埃尔米奥娜经过它的身边准备开车回家时，它竟对此毫不在乎。而在遇上没有防备的母鸡时，老谋深算的老獾可是会毫不犹豫地上前抓住它的。

秋天，是约翰·济慈笔下倍受赞颂的“雾气洋溢，果实圆熟”的季节。现在还没霜冻，但欧洲蕨似乎已经知道即将发生什么。它的叶片逐渐变得枯黄，蜷成一团瘫倒下来。帚石南花业已凋谢，茎秆上只剩下姜黄色的种壳，而一两周前，这些花朵还是一整片生机勃勃的紫色。几乎所有的野花都已凋谢，还在开花的只有草丛里星星点点的明黄色的细毛菊，以及点缀其间、有着蓝紫色圆形花冠的魔噬花，它们是褪色草地上的最后一抹色彩。树木还未开始变色，我们正在等待发情季的第一声雄鹿咆哮——它随时都有可能响起。

这天我在圣水屋工作了一整天。这是一个充满夏末明媚阳光和温柔暖风的日子。下午三点半，我需要拉伸一下腿脚。于是我叫上狗，踏上了环湖小径。拉布拉多犬巴斯特跑在前面，尾巴欢快地摆动着，杰克罗素梗犬塔克现在已经老了，在我身边欣欣然地蹒跚而行。我很欣慰它并不知道自己已经 14 岁了。

这是我们的客人最喜欢的小径。它环绕湖岸，穿过松树林——在那儿凤头山雀和交嘴雀吸引着众人的目光，继而通向精心搭建于沼泽上方的木板栈道——这是我们在保护沼泽的同时又能让大家体验湿地的唯一方式。接着进入桦树林，这片林子就像一床轻抚土地的被毯，在山坡上铺展开来。小径向帚石南荒原爬升，然后再度下降，来到河狸的大型巢穴，那只水獭很可能就是在此处受的致命伤。

松林树荫下的湖水幽暗而宁静，其余的水面在闪耀的阳光照射下微微泛起柔波。我从未厌倦过它变换的光影。餐盘一般的睡莲叶片已经变黄，沉入水中，不见了踪影，眼子菜披针形的叶片很快也将随之消失。即使没有霜冻，桦树的叶子也开始变色，在一片绿色中呈现出金黄的色彩。秋天的野趣随处可见。每走几码就有一丛野菌破土而出：淡紫色菌盖的红菇，光亮的褐色“便士面包”牛肝菌，猩红色的菌盖上点缀着白色斑点的毒蝇伞，仿佛在大声宣告自己“有毒”，还有闪闪发光的蜡质赭石色鸡油菌——这可是好吃的美味黄金——以及其他许多我早已忘记名字的菌类。

没有什么能比花楸树的果实更丰硕的了。树上结满了一串串深红色的浆果，有些沉得几乎将树梢压到了地面。松貂也曾来过这里。它们爬到树枝上尚能支撑它们的最远处，然后咬断挂着累累果实的枝干，跳到地面上大快朵颐。只要还有浆果，它们就不会停止狼吞虎咽。我的脚下落满了浆果的残渣，小小的果子向四面八方散射而去——这是一场季节性的浆果盛宴。每年秋天都是如此，而我也不确定有没有人知道真正的原因何在。在接下来的几周里，来自斯堪的纳维亚半岛的各种叽叽喳喳的鸫鸟——田鸫、白眉歌鸫、槲鸫和欧歌鸫——将成群拥入此地，把松貂吃不到的那些浆果吃光，接着在迁徙的过程中排泄可育的种子，让花楸树在这些土地上长得遍地都是。然而鸟儿们并不知道自己是多么出色的种子传播者。

这条小径横穿我们在45年前建立的第一个生态恢复项目点。当我们初抵这里时，湖泊后面的荒原就像餐盘一样光溜溜的，什么也没有。几百年前，为了给高地居民提供急需的牧场，这里的森林曾被砍伐。由于没有落叶的滋养，这片土地的肥力渐渐流失。几个世纪的过度放牧扫除了所有营养丰富的草类，只留下难吃的嗜酸性草类。牛、羊，然后是鹿，它们一代又一代地阻碍着树木的自然再生，而后者正是自然恢复的关键力量。

1967年来到此地后，我们彻底取消放牧并控制鹿群，让大自然回归。45年后的今天，这里已经变成了一大片生机勃勃、丰富而完整的原生林地和湿地，拥有八九种原生树种，16种春季筑巢鸟类，大量野花，数不清的无脊椎动物，各种哺乳动物——狍子、马鹿、狐狸、松貂、狗獾、红松鼠、伶鼬、小林姬鼠、河狸和水鼲、黑田鼠、堤岸鼲、鼩鼱（包括水鼩鼱）、三种蝙蝠、外来的水獭，菌根真菌的无形网络，以及其他菌类、蕨类、地衣、苔藓和地钱等，它们共同构成了一个活力满满的林地生态系统。成群结队的无脊椎动物挺进此地，将这儿当作自己的家。

我喜欢这个地方，每当我眺望湖对岸时，我都会向它鞠躬致敬。这就是我们在艾加斯所教授的——恢复生态学（restoration ecology）——让一切归还自然，让自然自我修复。在圣水屋，几只身体血红、翅膀硬挺的高地赤蜻正栖息在甲板周围的栏杆上晒太阳，享受着夏末的阳光。它们是今年的最后一群蜻蜓。

回到家，我得知一只聪慧的小伶鼬注意到小林姬鼠常常会去红松鼠观察站的喂食点。它趴在干石墙上等待，静静观察。伏击的念头在它那聪明的小脑袋里蠢蠢欲动，随后它飞快地跑了出来，抓住了一只路过的小鼠。这个下午，我们的访客理查德带着相机来到松鼠观察站，体验了这难得的满足一刻。他抓住时机拍下了它的照片。

狗獾现在正在忙碌着。它们于黄昏时分出没，在漫长的黑夜中觅食，为过冬而囤积棕色脂肪。当大雪来临，月夜霜降，狗獾将连续数日都无法觅食。它们只能依靠这些脂肪生存。难怪厨房门口的狗獾能够克服对人类的恐惧，在喂鸡的食桶里饱餐一顿。

我们已经有好几周没有在湖边看到水獭了，但它们还是经常出现在河里和比尤利湾的前滩。我很清楚，明年我们再度投放鳟鱼时，它们就会回来。自打我生活在这个丰饶之地以来，它们年年如此。同样会回来的还有鹗，雀鹰也将在松林里养育它们吱吱叫的雏鸟。狍子会将它们的双胞胎幼崽藏在湖后的刺柏丛中，雌性狗獾将带着自己闹腾的幼崽去观察站享受花生美餐。我希望伶鼬会再度在古老的石墙里筑窝，而我也将再次努力寻找松貂的巢穴。

明天，我们会有一大班的小学生来上课，我听说有 20 多人。我期待听到他们在湿地捕捞水生生物时的吵嚷嬉笑声。他们是我们的未来。我希望他们能像我这一生一样感受到野生动物的乐趣。我们要做的还有很多。

约翰·利斯特-凯于艾加斯之家

2021 年

致　谢

博物学家通常选择独自工作，特别是在遇到需要保持隐蔽和耐心的挑战性工作时。但是在艾加斯这样的野外研究中心度过一生的职业生涯，意味着我的身边常有热心的年轻护林员和工作人员相伴，他们都是非常称职的野外博物学家，我可以与他们讨论和检验我的观察与经历。

几十年来，这样的角色多到我难以一一提及，但我要特别感谢其中一些，他们的意见对我的这本书来说尤其有价值，他们是：本·琼斯、泰勒·戴维斯、佩吉·佩茨、汤姆·钱伯斯、洛蒂·巴德-蒂曼、卡勒姆·厄克特、夏洛特·罗伯森、约瑟芬·托德、伊莱恩·博尔诺夫、道吉·布伦顿、艾米丽·沙特伍德、艾米丽·里奇斯、苏茜·克尔、路易斯·朔普、多拉·汉密尔顿、露西·史密斯、马修·布罗德本特、米歇尔·布兰森、理查德·汤普森、克洛伊·德纳利、雷切尔·巴克利、米洛·摩尔、乔纳森·威利特和伊丽莎白·黑尔。

我的作家老友马克·科克尔、斯蒂芬·莫斯、布莱恩·杰克曼、波莉·普拉和杰伊·格里菲斯不断激励和鼓励我继续写作。劳里·坎贝尔和莉兹·奥尔登每年都会用他们令人赞叹不已的博物学知识和技能给我加油鼓劲。我非常感激他们。

我也不能不提到野生动物。我们每天都与松貂、狗獾和水獭生活在一起，当然我们和伶鼬生活在一起的时间要稍少一些。我们野外中心的客人每周都会来到观察站近距离观察野生动物。在我看来，如果没有它们对我们隔三岔五的入侵性活动的容忍，艾加斯就不可能存在。不过至少它们知道自己在这儿是安全的、受欢迎的。

最后毫无疑问的是，我要感谢我的妻子露西和我们的女儿埃尔米奥娜，她们始终是我脆弱的文学自我的支柱。她们包容我的脾气和恼人的习惯——露西形容她自己在我写作期间就像个“文学寡妇”——对我变化无常的工作状态，她们也通常选择无视。没有她们，我就无法成为一名写作者。

译后记：寻獾记

在翻译这本讲述苏格兰高地鼬科动物的小书之前，我已经是一名热忱的自然爱好者了，只要得空便会往家附近的紫金山上跑，记录在自然中遇见的林林总总。

我所生活的城市南京，位于长江下游丘陵地带，依山傍水，自然环境优越，物种丰富。这些年一次又一次地行山，我也积累了2 000多条物种观察记录，其中以昆虫、植物和鸟类为主，哺乳动物的记录并不多，鼬科动物就更少了，只有一种，也就是我们常说的“黄大仙”“黄鼠狼”——黄鼬。

在这本书的翻译工作接近尾声的时候，重读“狗獾”一章里作者对獾穴的描述，我突然意识到自己可能见过狗獾的洞。这个夏天，我和朋友曾在紫金山北坡的山道边休息，正对着我们的恰巧是一个新挖出来的洞，大约50厘米宽，洞口四周堆着刨出来的红色黏土，形成一个个小小的梯形土堆。而在我们曾经路过的山坡水沟上方，也有不少大大小小的洞。“这些也许都是狗獾的窝！”——我有些兴奋。

打开自然博物爱好者的应用程序 iNaturalist，在紫金山附近搜索“狗獾”，果然得到了几条亚洲狗獾（鼬科狗獾属下的一种，是书中描述的欧洲狗獾的近亲）的记录。那么该如何才能看到狗獾呢？根据作者在书中的描述，狗獾是一种昼伏夜出的动物，它们于日落时分出洞觅食，行动路线相对固定。还有研究表明某些洞穴它们一用就是几百年。看来只要日落前在疑似的獾穴附近守着，就很有可能看到它们！

我的朋友告诉我，她曾在距离我们家大约两公里的山下公园里看到过不少这样的洞。于是我们打算就近行动，去那儿碰碰运气。

11 月 10 日

虽然手表显示当天的日落时间是 17 点 07 分，但当我们按时赶到那儿时，天色早就暗下来了。目的地位于一座小山坳里，西高东低，日落时仅有的余晖也被西边的山坡和树丛挡住了，四周显得更加昏暗。我们先进入公园小道旁的林子。山路我们走过许许多多，但是夜色下的山路仿佛是另一种存在，它比白天的路更加险恶，黑暗遮蔽了一切，也放大了恐惧。这条路——如果这干涸的水沟算是路的话——我们走得无比艰难，在察看了几个老旧的洞穴之后，我们决定走出林子。毕竟像我们这样一脚高、一脚低地在林间摸瞎，这么大的动静不把狗獾吓跑才怪。

如果是约翰·利斯特-凯爵士来到这里，他一定会找一个位于獾穴下风处的地方窝着。狗獾虽然视力不好，但嗅觉极其灵敏。若让它闻到一丝危险人类的气息，它一定会绕道离开。而黑暗中的我们已经有些无所适从，哪管得了方位风向——况且当时我们还无法确定有没有狗獾，以及具体的獾穴位置在哪——于是随便找了一张公园长椅就坐了下来，静静等待。

温度降低，静下来的我们感到了丝丝寒意，于是抱紧自己的背包。黑夜像毯子一样将我们紧紧包裹，只是不能带来一点儿温暖。一轮半月高悬，透过松柏的黑影洒下一小片银白色的光辉，只一小片，完全不够我们看清四周。我决定放弃挣扎，不再执着于依赖视觉，将回家多吃胡萝卜补充维生素 A 的念头放在一边，接受这样的黑暗，像狗獾借助嗅觉一样，用听觉去“观察”。

风吹起来了，树叶窸窸窣窣地响起。发黄的叶子将叶绿素退还给大树，径自飘落。一开始我们总会被这样的声音惊动，以为有小动物接近，但很快我们就总结出了规律。树叶或树枝飘落的声音都很短暂，响动几下就没了声音，需要注意的是那种有节奏的、连续的声音。

我们就这样等待着，夜色越来越浓，最后仿佛达到了饱和，停滞不变。与之一同暂停的，还有我们心里的时钟。有那么一段时间，我听着前前后后、上上下下风吹树叶的声音，听着几公里外地铁在高架轨道上的呼啸，现实世界离我忽远忽近，我不知道自己到底身在何处，也不知道现在到底是几点几刻。

“喵呜！”一声异响让我吓了一大跳。咳，原来是一只小橘猫。这只小猫全然不怕人，直接走到我们脚边热络开蹭。看来有人在这儿喂过猫，如果是这样，狗獾也有可能会来这儿吃人们喂给猫的食物。对于渴望观察狗獾的我们来说，这可是一个大有希望的好消息。但猫粮对狗獾来说是好是坏呢？想到南京最近频发的野猪和人的冲突，想到多次目睹有人投喂野猪的经历，心里隐隐有些担忧。“抱歉了，”我在心里对小猫说，“我们没有投喂野生动物的习惯。”是啊，这次我们甚至都没给自己带晚餐。

虽说没带“见面礼”，但这只小橘猫并不嫌弃我们，它安静地蹲在一旁，和我们一起守候。只是它守候的可能是喂猫人，而我们守候的是一群野生动物。

不知过了多久。

窸窸窣窣，窸窸窣窣，嚓嚓嚓，窸窸窣窣……我们一直期待的那种连续的声音响起来了。声音似乎是从我们身后发出来的，于是我们缓缓起身，转身看去，眼睛瞪得大大的。但什么也没有。这个时候小橘猫已经在我们东侧两米远的地方蹲下，我转头去看它，没想到看到一个灰蒙蒙、圆滚滚的身影。它背对着小橘猫，在公园小路边的麦冬花坛里搜寻着什么。可能是刚才被小猫吓到而有了惯性，我很不专业地发出了声音，激动地对同伴说道：“它来了！”没想到那家伙听到声音，立即提溜起四条腿，魂飞魄散地冲进了东边的树丛。

我的心扑通扑通地跳着，激动、欣喜、疑惑，全都从那短暂的两秒钟里释放出来。我们甚至还没打过照面，它就这样跑了？！这真是一场尴尬而潦草的初次邂逅。我们可能都没给彼此留下什么好印象——一方只看到了屁股，另一方只感受到了恐怖的气息。

我们又坐了下来，这一次变得更安静了。如果它们感受不到我们的存在，是否还会再次来到这附近呢？

不知又过了多久。我想也许并没有多久吧。因为空荡荡的肚皮和寒意，时间变得愈发漫长，我快要坐不住了。哈，想成为一名正儿八经的博物学家的确不是一件容易的事情，你要克服寒意、饥饿、困顿，还得时刻觉察四周，不放过任何风吹草动，这是对意志力和体力的双重考验！想到这儿，我突然理解了约翰·利斯特-凯爵士在蹲守狗獾时的体会，这不仅仅是文字层面上的理解，更是身体和意识上的接通。看来有些事情只要亲身经历，就能产生同样的感受，哪怕我们身处不同的自然环境。

我们准备离开——好歹看到了个屁股不是吗？但起身后我们还是不死心，于是顺着它“逃跑”的方向走去，站在高处的平台向下面的林子深处望去。当然这时我们借助了户外头灯的辅助照明。没想到灯光一打过去，对面便亮起几对闪闪发光的小眼睛！一只、两只、三只！其中一只体型较大的侧身立在一棵大树前，脸正对着我们，另外两只躲在一旁的竹丛后面。我们借助头灯的光照看清了那只较大的狗獾的脸庞，有点儿扁，耳朵圆圆，两道黑色的条纹从脑后直贯眼睛而下，标准的狗獾样貌。它看着我们，只是不知道它的视力能否让它看清我们——看清我们这两个人类只是好奇，而别无他意。

是的，我们只是好奇。我们不敢多看，怕头灯的光线刺激它们的眼睛，怕我们待得太久影响到它们的夜间觅食——饿肚子的感觉我们都懂！于是我们关掉头灯，带着几张模糊的手机相片，匆匆离开了公园。

11 月 15 日

几天后，我们决定在白天再次前往发现狗獾的地方。上一次去的时候天已黑，没有看清它们的洞穴，这一次我们打算好好看一看。

这群狗獾非常会选择栖息地。这座公园算得上一处热门景点，但它们所在的山坳位于公园最偏僻的东北角，游客罕至，而到了狗獾出没的夜晚，几乎不会有什么人来此地逗留。公园里种植着大量壳斗科栎树，可以在秋天为狗獾提供大量坚果。栎树也是天牛、锹甲等甲虫喜爱的树种，狗獾可以在它们的脚下挖到这些甲虫白胖胖的幼虫，好好补充一番蛋白质。

我们来到了那天发现狗獾的林子，第一眼就看到了距离公园小路不到一米的新洞。这个洞在一棵朴树旁，新挖出来的黄土从洞口向东延伸，形成了一条松软的黄土小道。小道上已经有了一些落叶，我们凑近查看，在距离洞口不远的地方找到两个脚印，大约 8 厘米长，趾尖朝向洞口，大概是最后一只狗獾回家时留下的吧。这个洞的后面有一丛竹子，几天前那两只狗獾就是躲在这里偷瞄我们的。而那只正视我们的狗獾所站立的位置则是另一个獾穴入口，背靠一棵大朴树。在这两个洞之间，我们又找到了两个尺寸小一点的洞，此外还有一个公园建造的水泥洞，里面放着扫帚等物品。这天我们一共找到 16 个獾洞，分布在面积约 300 平方米的林间和草地上。

据说狗獾很爱干净，不会在洞里排泄，它们会在洞外面挖一些浅坑作为固定的排便处。我们虽然没有找到它们的粪便，但在新洞附近闻到了一些浓烈而独特的气味，这种气味有别于周围的树木可能产生的味道，我想也许我们已经踩到了它们的粪便吧。如果平时在野外踩到人或狗的粪便，我一定会厌恶地大叫。然而这一次心里却有点儿欣喜。从某种程度上来说，这也是一种与狗獾的近距离接触了。

是啊，我从来都没有想到，狗獾与我的距离这么近。书里那位于几千公里之外苏格兰高地上的欧洲狗獾的近亲，与我面前的这张书桌的距离只有两公里。而伶鼬的近亲黄鼬，早已跑到我家院子的台阶上来玩耍了。

在《林中足迹：森林与河岸的秘密生活》这本书里，约翰·利斯特-凯爵士并没有给我们介绍什么来自遥远国度的珍奇生物——书里的鼬科动物都生活在他所创办的艾加斯野外研究中心周边，和他自己所认为的大自然的语言一样，它们平实而日常，但又充满灵性。在几十年的时间里，他与它们之间发生了各种各样的故事：少年时抚养伶鼬幼崽，将其养大后依依不舍地放归自然；工作后救助受伤的狗獾，给它建造獾窝；苦苦追寻松貂的足迹却总是劳而无功……在日复一日的偶然际遇中，他并没有将作为人类的自己置于某种“万物之主宰”的位置上，以居高临下的姿态看待这些动物。相反，我们总是看到一个悄悄躲在树根后的老者，努力保持静止的姿态，试图弱化长久以来人类在其他动物记忆中留下的凶残捕食者的形象。

在我们第一次观察狗獾的那一天前后，南京频频曝出多起野猪与人的冲突事件，引发了媒体与公众的大量讨论。实际上在多年的紫金山行山经历中，我们很少见到野猪本尊，更多的是它们在人迹罕至的野道或山林里留下的痕迹：有成堆的、一眼就能看出其杂食食性的粪便；有它们以长嘴拱地翻食根茎而刨出的泥土和植物；也有它们在山脊小水坑里洗澡后在一旁的松树上蹭来蹭去留下的泥迹。我们从这些痕迹中解读它们的秘密生活。而在仅有的几次与野猪照面的经历中，野猪的出现总伴随着人类活动的痕迹——夜晚时分出没在猫粮投喂点的野猪，还有像狗一般摇着尾巴等老者喂食馒头的野猪。

我们如此“友善”地对待野生动物，为什么它们还会与我们发生冲突呢？我们与野生动物之间的关系，到底应该是怎样的呢？

在寻求这些问题的答案前，我又想到了约翰·利斯特-凯爵士在书中提到的一个小插曲。那次他在雨天从猎狐的笼子里救出一只不幸误入的狗獾。按照我们理想的叙事，这只狗獾被救出后可能会停留一会儿，看看救助者，然后再依依不舍地走掉，甚至上前友善地蹭一蹭救助者。然而这只狗獾反而向他大吼，然后愤怒地离开，头也不回。对此，约翰·利斯特-凯爵士用特有的英式幽默自嘲道："指望野生动物对你说'谢谢'可不是什么明智的想法。"

我想这句调笑已经足以回答上述的一大半问题了。

邱墨楠

2023 年 11 月

物种名称对照（汉、英、拉）

第一章

金雀花	broom	*Cytisus scoparius*
荆豆	gorse	*Ulex europaeus*
欧洲桤木	alder	*Alnus glutinosa*
灯芯草	rush	*Juncus sp.*
蔓菁	turnip	*Brassica rapa*
欧洲马鹿	red deer	*Cervus elaphus*
麦鸡	lapwing	*Vanellus sp.*
帚石南	ling heather	*Calluna vulgaris*
远志	milkwort	*Polygala sp.*
洋委陵菜	tormentil	*Potentilla erecta*
茅膏菜	sundews	*Drosera sp.*
捕虫堇	butterwort	*Pinguicula sp.*
东方羊胡子草	bog cotton	*Eriophorum angustifolium*
马先蒿	lousewort	*Pedicularis sp.*
沼金花	bog asphodel	*Narthecium ossifragum*
斑点掌裂兰	heath-spotted orchid	*Dactylorhiza maculata*
北极花	twinflower	*Linnaea sp.*
欧洲蕨	bracken	*Pteridium aquilinum*
欧洲赤松	scots pine	*Pinus sylvestris*
欧洲花楸	rowan	*Sorbus aucuparia*

欧洲刺柏	juniper	*Juniperus communis*
欧梣	ash	*Fraxinus excelsior*
无梗花栎	sessile oak	*Quercus petraea*
黄花柳	goat willow	*Salix caprea*
耳柳	eared willow	*Salix aurita*
欧洲枸骨	holly	*Ilex aquifolium*
欧榛	hazel	*Corylus avellana*
欧洲甜樱桃	gean	*Prunus avium*
垂枝桦	silver birch	*Betula pendula*
毛桦	downy birch	*Betula pubescens*
煤山雀	coal tit	*Periparus ater*
旋木雀	treecreeper	*Certhia sp.*
多孔菌目	polypore	Polyporales
大斑啄木鸟	greater-spotted woodpeckers	*Dendrocopos major*
冠山雀	crested tit	*Lophophanes sp.*
交嘴雀	crossbill	*Loxia sp.*
欧亚红松鼠	red squirrel	*Sciurus vulgaris*
雀鹰	sparrow hawk	*Accipiter nisus*
狍	roe deer	*Capreolus sp.*
欧洲野猫	wildcat	*Felis silvestris*
黄菖蒲	wild flags	*Iris pseudacorus*
金莲花	globe flowers	*Trollius sp.*
坚挺乱子草	deer grass	*Muhlenbergia rigens*
褐鳟	brown trout	*Salmo trutta*
金雕	golden eagle	*Aquila c0hrysaetos*
鹗	osprey	*Pandion haliaetus*
游隼	peregrine	*Falco peregrinus*
丘鹬	woodcock	*Scolopax rusticola*
黑琴鸡	blackcock	*Tetrao tetrix*

仓鸮	barn owl	*Tyto alba*
灰背隼	merlin	*Falco columbarius*
鹭科	heron	Ardeidae
大天鹅	whooper swan	*Cygnus cygnus*
粉脚雁	pink-footed goose	*Anser brachyrhynchus*

第二章

伶鼬	weasel	*Mustela nivalis*
白鼬	stoat	*Mustela erminea*
美洲水鼬	mink	*Neogale vison*
貂	marten	*Martes sp.*
林鼬	polecat	*Mustela putorius*
水獭	otter	*Lutra sp.*
狗獾	badger	*Meles sp.*
貂熊	wolverines	*Gulo sp.*
水䶄	water vole	*Arvicola amphibius*
小林姬鼠	wood mouse	*Apodemus sylvaticus*
大鼠（家鼠）	rat	*Rattus sp.*
小鼠	mouse	*Mus sp.*
田鼠亚科	vole	Arvicolinae
榆	elm	*Ulms sp.*
越橘	bilberry	*Vaccinium sp.*
鹪鹩	wren	*Troglodytes troglodytes*
乌鸫	blackbird	*Turdus mandarinus*
欧亚鵟	buzzard	*Buteo buteo*
欧亚鸲	robin	*Erithacus rubecula*
欧亚大山雀	great tit	*Parus major*
蓝山雀	blue tit	*Cyanistes caeruleus*

林岩鹨	dunnock	*Prunella modularis*
欧洲深山锹甲	stag beetle	*Lucanus cervus*
椴树	lime	*Tilia sp.*
欧洲七叶树	horse chestnuts	*Aesculus hippocastanum*
苍头燕雀	chaffinch	*Fringilla coelebs*
斑尾林鸽	woodpigeon	*Columba palumbus*
槲鸫	mistle thrush	*Turdus viscivorus*
酢浆草	wood sorrel	*Oxalis sp.*
泥炭藓	sphagnum moss	*Sphagnum sp.*
曲芒发草	wavy-hair grass	*Avenella flexuosa*
家燕	swallow	*Hirundo rustica*
毛脚燕	house martin	*Delichon sp.*
斑鹟	spotted flycatcher	*Muscicapa striata*
白鹡鸰	pied wagtail	*Motacilla alba*
寒鸦	jackdaw	*Corvus monedula*
落叶松	larch	*Larix sp.*
褐家鼠	brown rat	*Rattus norvegicus*
松鸦	jay	*Garrulus glandarius*
云杉	spruce	*Picea sp.*
白尾鹞	hen harrier	*Circus cyaneus*
红隼	kestrel	*Falco tinnunculus*
红襟粉蝶	orange-tip	*Anthocharis cardamines*
草甸碎米荠	lady’s smock	*Cardamine pratensis*

第三章

臭鼬科	skunk	Mephitidae
猞猁	lynx	*Lynx sp.*
黇鹿	fallow deer	*Dama dama*

西洋接骨木	elder tree	*Sambucus nigra*
蚊蚋，泛指双翅目长角亚目下的蚊子和蚋虫	gnats and midges	Nematocera
伏翼属下的蝙蝠	pipistrellebat	*Pipistrellus sp.*
潮虫亚目下的一类虫子，如卷甲虫或栉潮虫等	woodlouse	Oniscidea
雏菊	daisy	*Bellis perennis*
报春花科	primrose	Primulaceae
熊蜂	bumblebee	*Bombus sp.*
蓝铃花	bluebell	*Hyacinthoides sp.*
沼泽鹿	marsh deer	*Blastocerus dichotomus*
杜鹃花	rhododendron, azalea	*Rhododendron sp.*
悬钩子	bramble	*Rubus sp.*
荨麻	nettle	*Urtica sp.*

第四章

雉鸡与山鹑	pheasant and partridge	Phasianidae
短耳鸮	short-eared owl	*Asio flammeus*
雷鸟	grouse	*Lagopus sp.*
巨云杉	Sitka spruce	*Picea sitchensis*
西灰林鸮	tawny owl	*Strix aluco*
粪金龟科	dor beetle	Geotrupidae
冠小嘴乌鸦	hoodie crow（hooded crow）	*Corvus cornix*

第五章

燕鸥亚科	tern	Sterninae
鲑科	trout	Salmonidae

绿头鸭	mallard duck	*Anas platyrhynchos*
眼子菜	Potamogeton weed	*Potamogeton sp.*
灰株薹草	bottle sedge	*Carex rostrata*
河乌科	dipper	Cinclidae
赤颈鸭	wigeon	*Anas penelope*
绿翅鸭	teal	*Anas crecca*
普通秋沙鸭	goosander	*Mergus merganser*
红鸢	red kite	*Milvus milvus*
角䴙䴘	Slavonian grebe	*Podiceps auritus*
匍枝毛茛	creeping buttercup	*Ranunculus repens*
蛎鹬科	oystercatcher	Haematopodidae
杓鹬	curlew	*Numenius sp.*
斑尾塍鹬	bar-tailed godwit	*Limosa lapponica*
青脚鹬	greenshank	*Tringa nebularia*
黑腹滨鹬	dunlin	*Calidris alpina*
鸬鹚科	cormorant	Phalacrocoracidae
红嘴鸥	black-headed gull	*Chroicocephalus ridibundus*
鲻科	grey mullet	Mugilidae
墨角藻	bladder wrack	*Fucus vesiculosus*

第六章

线蚓目	enchytraeids	Enchytraeida
弹尾亚纲	springtails	Collembola
蜱螨亚纲	mites	Acari
覆葬甲	sexton beetle	*Nicrophorus sp.*
北极手参	—	*Gymnadenia borealis*

后记

细毛菊	hawkweed	*Pilosella sp.*
魔噬花	devil's-bit scabious	*Succisa pratensis*
红菇	Russula	*Russula sp.*
牛肝菌科	boletes	Boletaceae
毒蝇伞	fly agaric	*Amanita muscaria*
鸡油菌	chanterelles	*Cantharellus sp.*
田鸫	fieldfare	*Turdus pilaris*
白眉歌鸫	redwing	*Turdus iliacus*
欧歌鸫	song thrush	*Turdus philomelos*
黑田鼠	field vole	*Microtus agrestis*
堤岸鼾	bank vole	*Clethrionomys glareolus*
赤蜻	darter	*Sympetrum sp.*

“天际线”丛书已出书目

云彩收集者手册
杂草的故事（典藏版）
明亮的泥土：颜料发明史
鸟类的天赋
水的密码
望向星空深处
疫苗竞赛：人类对抗疾病的代价
鸟鸣时节：英国鸟类年记
寻蜂记：一位昆虫学家的环球旅行
大卫·爱登堡自然行记（第一辑）
三江源国家公园自然图鉴
浮动的海岸：一部白令海峡的环境史
时间杂谈
无敌蝇家：双翅目昆虫的成功秘籍
林中足迹：森林与河岸的秘密生活
卵石之书
鸟类的行为
豆子的历史
果园小史
怎样理解一只鸟
天气的秘密
野草：野性之美
鹦鹉螺与长颈鹿：10½章生命的故事
星座的故事：起源与神话
一位年轻博物学家的探险
前往世界彼端的旅程
四季野趣：拥抱自然的110件小事
动物建筑
树叶的故事
树的秘密伙伴：从树梢到树根里的生命

图书在版编目（CIP）数据

林中足迹 ：森林与河岸的秘密生活 /（英）约翰·利斯特-凯（John Lister-Kaye）著；邱墨楠译. 南京 ：译林出版社，2025. 8. --（“天际线”丛书）.
ISBN 978-7-5753-0779-6

Ⅰ. S863-49

中国国家版本馆CIP数据核字第2025L2F415号

著作权合同登记号　图字：10-2023-333 号

林中足迹：森林与河岸的秘密生活　（英国）约翰·利斯特-凯 / 著　邱墨楠 / 译

责任编辑　许　丹
装帧设计　韦　枫
封面插图　郑南七白
内文插图　邱墨楠
校　　对　梅　娟
责任印制　董　虎

原文出版　Canongate Books, 2023
出版发行　译林出版社
地　　址　南京市湖南路 1 号 A 楼
邮　　箱　yilin@yilin.com
网　　址　www.yilin.com
市场热线　025-86633278
排　　版　南京展望文化发展有限公司
印　　刷　南京爱德印刷有限公司
开　　本　890 毫米 ×1240 毫米　1/32
印　　张　7.125
插　　页　4
版　　次　2025 年 8 月第 1 版
印　　次　2025 年 8 月第 1 次印刷
书　　号　ISBN 978-7-5753-0779-6
定　　价　65.00 元

British Library Cataloguing-in-Publication Data
A catalogue record for this book is available on request from the British Library